10. Borkheider Seminar zur Ökophysiologie des Wurzelraumes

W. Merbach/L. Wittenmayer/J. Augustin (Hrsg.)

Rhizodeposition und Stoffverwertung

Borkheider Seminare zur Ökophysiologie des Wurzelraumes

Der Pflanzenbewuchs, das dazugehörige Wurzelsystem und der durchwurzelte Bodenraum nehmen eine Schlüsselstellung in terrestrischen Ökosystemen ein. Hier vollziehen sich komplizierte Wechselwirkungen zwischen Pflanzenstoffwechsel und Umweltfaktoren einerseits und (angetrieben) durch die C-Lieferung der Pflanzen) zwischen Pflanzenwurzeln, Mikroben, Bodentieren, organischen C- und N-Verbindungen sowie mineralischen Bodenbestandteilen andererseits. Diese haben entscheidende Bedeutung für die Pflanzen- und Bodenentwicklung, die Nettostoff- und Nettoenergieflüsse sowie für die Belastungstoleranz von Pflanzen und Ökosystemen. Ihr Verständnis ist daher eine Voraussetzung für die Prognose, Abpufferung und Indikation von Umweltbelastungen, die Berechnung von Stoffflüssen sowie für ökologisch ausgerichtete Regulationsinstrumentarien. Trotz vieler Einzelkenntnisse sind aber derzeit Wirkungsgefüge und Regulationsmechanismen im Pflanze-Boden-Kontaktraum nur ungenügend bekannt, da in den meisten bisherigen Forschungsansätzen der Mikrobereich als „Nebeneinander" von Einzelelementen (z. B. von Strukturelementen, Nettostoffflüssen zwischen Grenzflächen, Biozönosepartnern) betrachtet wurde und kaum als Netzwerk funktionaler Kompartimente wechselnder Zusammensetzung. Abhilfe kann hier nur eine systemare Betrachtungsweise der Pflanze-Boden-Wechselbeziehungen auf der Basis einer *langfristig und interdisziplinär angelegten ökophysiologischen Forschung* schaffen, die auf die Aufklärung der mikrobiologischen, physiologischen, (bio)chemischen und genetischen Interaktionen im System Pflanze–Wurzel–Boden in Abhängigkeit von natürlichen und anthropogenen Einflußfaktoren ausgerichtet ist.

Die 1990 von der Deutschen Landakademie Borkheide (Krs. Potsdam-Mittelmark) und dem heutigen Institut für Rhizosphärenforschung und Pflanzenernährung des Zentrums für Agrarlandschafts- und Landnutzungsforschung (ZALF) Müncheberg ins Leben gerufenen *Borkheider Seminare zur Ökophysiologie des Wurzelraumes* wollen daher Wissenschaftler unterschiedlicher Fachgebiete mit dem Ziel zusammenführen, experimentelle Ergebnisse ohne Zeitdruck zu diskutieren und die Forschung enger zu verflechten. Das unveränderte Interesse an der Tagungsreihe – sie hat 1999 bereits das 10. Mal stattgefunden – spricht für sich selbst. Nachdem die ersten vier Tagungsbände (1990 bis 1993) im Selbstverlag herausgegeben wurden, hat seit dem 5. Band (Mikroökologische Prozesse im System Pflanze–Boden) der Teubner-Verlag diese Aufgabe übernommen. Dafür gebührt ihm der Dank der Herausgeber.

Wolfgang Merbach

Rhizodeposition und Stoffverwertung

10. Borkheider Seminar zur Ökophysiologie des Wurzelraumes

Wissenschaftliche Arbeitstagung in Schmerwitz/Brandenburg vom 27. bis 29. September 1999

Herausgegeben von

Prof. Dr. Wolfgang Merbach
Institut für Bodenkunde und Pflanzenernährung der Martin-Luther-Universität Halle–Wittenberg
1. Vorsitzender der Deutschen Gesellschaft für Pflanzenernährung

Dr. Lutz Wittenmayer
Institut für Bodenkunde und Pflanzenernährung der Martin-Luther-Universität Halle–Wittenberg

Dr. Jürgen Augustin
Institut für Primärproduktion und Mikrobielle Ökologie im Zentrum für Agrarlandschafts- und Landnutzungsforschung e.V. (ZALF) Müncheberg

B.G.Teubner Stuttgart · Leipzig 2000

Die Beiträge dieses Bandes wurden von Mitgliedern der Deutschen Gesellschaft für Pflanzenernährung sowie der Kommission IV der Deutschen Bodenkundlichen Gesellschaft begutachtet.

Prof. Dr. habil. Wolfgang Merbach

Geboren 1939 in Ranis (Thüringen). 1958 bis 1964 Landwirtschaftsstudium, 1965 bis 1966 Chemiestudium, 1970 Promotion an der Universität Jena. 1982 Habilitation (Facultas docendi, Promotion B) an der Martin-Luther-Universität Halle–Wittenberg (MLU). 1986 bis 1990 Leiter des Isotopenlabors des Forschungszentrums für Bodenfruchtbarkeit Müncheberg, 1989/90 Leiter der Arbeitsgruppe „Ökologischer Umbau" und stimmberechtigtes Mitglied des zentralen „Runden Tisches" der DDR in Berlin, 1990 Professor der Akademie der Landwirtschaftswissenschaften, 1992 bis 1998 Institutsleiter und (bis 1995) stellvertretender Direktor am Zentrum für Agrarlandschafts- und Landnutzungsforschung (ZALF) Müncheberg. Seit 1998 Professor für Physiologie und Ernährung der Pflanzen und Prodekan an der Landwirtschaftlichen Fakultät der MLU. Vorlesungen auf den Gebieten der Pflanzenernährung, Düngung, Ökotoxikologie und Bodenkunde an den Universitäten Halle, Jena, Potsdam und Cottbus. Arbeitsschwerpunkte: Symbiontische N_2-Fixierung, Ökophysiologie und Stoffumsatz in der Rhizosphäre, Lachgasemission aus Niedermooren, N-Umsatz in Ökosystemen. Über 250 Publikationen, Herausgeber zahlreicher Bücher und Tagungsbände. Mitglied in mehreren Editorial Boards und Fachgesellschaften, 1. Vorsitzender der Deutschen Gesellschaft für Pflanzenernährung, Mitglied im Council des International Ecological Centre der Polnischen Akademie der Wissenschaften.

Dr. Lutz Wittenmayer

Geboren 1961 in Sondershausen. 1980 bis 1985 Studium der Landwirtschaft und Pflanzenzüchtung, Timirjasew-Akademie in Moskau, 1991 Promotion an der Landwirtschaftlichen Fakultät der Martin-Luther-Universität Halle–Wittenberg (MLU), seit 1996 wissenschaftlicher Mitarbeiter am Institut für Bodenkunde und Pflanzenernährung der MLU. Arbeitsschwerpunkte: Pflanzenstreß, Phytohormone und Wurzelexsudation.

Dr. Jürgen Augustin

Geboren 1954 in Ostritz (Sachsen). 1975 bis 1979 Studium der Pflanzenproduktion und Biochemie an der Martin-Luther-Universität Halle–Wittenberg (MLU), 1985 Promotion an der Sektion Pflanzenproduktion der MLU, seit 1985 wissenschaftlicher Mitarbeiter am Forschungszentrum für Bodenfruchtbarkeit, 1992 bis 1998 am Zentrum für Agrarlandschafts- und Landnutzungsforschung (ZALF) Müncheberg. Von 1998 bis 1999 kommissarischer Leiter des Instituts für Rhizosphärenforschung und Pflanzenernährung, danach Abteilungsleiter im Institut für Primärproduktion und Mikrobielle Ökologie des ZALF, Lehraufträge für Ökotoxikologie an der FH Eberswalde und der BTU Cottbus. Arbeitsschwerpunkte: Stoffumsatz und Spurengasemission in Feuchtgebieten.

Gedruckt auf chlorfrei gebleichtem Papier.

Die Deutsche Bibliothek – CIP-Einheitsaufnahme

Ein Titelsatz für diese Publikation ist bei
Der Deutschen Bibliothek erhältlich

ISBN-13:978-3-519-00323-6 e-ISBN-13:978-3-322-80025-1
DOI: 10.1007/978-3-322-80025-1

Vorwort

Die im durchwurzelten Bodenraum und insbesondere in der Wurzel-Boden-Kontaktzone ablaufenden Vorgänge haben große Bedeutung für die Pflanzen- und Bodenentwicklung, für die Stoff- und Energieflüsse in Ökosystemen und für die Belastungstoleranz von Biozönosen. Trotz vieler Einzelresultate werden aber bislang das Wirkungsgefüge und die Steuerungsmechanismen in der Rhizosphäre nur unzureichend verstanden. Es ist deshalb langfristige, interdisziplinäre Forschung nötig, welche die Aufklärung der mikrobiologischen, ökologischen, physiologischen, (bio)chemischen und molekulargenetischen Interaktionen im System Pflanze – Boden mit ökosystemer Betrachtungsweise und anwendungsorientierten Disziplinen vernetzt. Ein solches Vorgehen könnte zum besseren Verständnis der in und zwischen Ökosystemen ablaufenden Prozesse und damit zu einer nachhaltigen und umweltgerechten Nutzung und Gestaltung unserer Kulturlandschaft beitragen.

Der vorliegende Band ist dieser Problematik gewidmet. Er enthält die gekürzten Niederschriften von 25 Vorträgen des 10. Borkheider Seminars zur Ökophysiologie des Wurzelraumes, das vom 27. bis 29. September 1999 in Schmerwitz (Brandenburg) stattfand. Der Schwerpunkt wird dabei auf den durch die **pflanzliche Rhizodeposition** geförderten **Stoffumsatz in der Wurzelumgebung** gelegt. Folgende Aspekte werden besonders herausgehoben:

1. der **Stoffumsatz im System Pflanze – Boden** unter besonderer Berücksichtigung des N- und C-Umsatzes in Ökosystemen, des Abbaus von Xenobiotika in Zusammenhang mit den Problemen der Renaturierung und Sanierung (drei Beiträge),
2. die **pflanzliche Stoffaufnahme und -verwertung**, wobei die Aufnahme von Nährstoffen, Schwermetallen und organischen Verbindungen, die Ammoniumtoxizität sowie die Phosphoreffizienz behandelt werden (vier Beiträge),
3. die **Beziehungen zwischen Sproß und Wurzeln** und ihre Regulation aus ökologischer, physiologischer und molekularbiologischer Sicht, insbesondere auch in Zusammenhang mit anthropogenen Eingriffen (vier Beiträge),
4. die **Ökophysiologie der Rhizosphäre** unter besonderer Berücksichtigung der funktionellen Diversität der assoziierten Mikroorganismen, wobei die Spanne von der molekularbiologischen Identifikation über den mikrobiologische Abbau von Xenobiotika bis zur Rolle von Mykorrhizen bei der Rekultivierung reicht (fünf Beiträge), und
5. die **Quantifizierung, Zusammensetzung und Effekte der Rhizodeposition** unter besonderer Berücksichtigung der Streßanpassung, der Nährstoffmobilisierung durch Mikroben und des Stofftransfers in der Rhizosphäre (neun Beiträge).

Neben international ausgewiesenen Fachleuten nahmen vor allem Nachwuchswissenschaftler/innen vornehmlich aus Deutschland, Österreich und der Schweiz an der Tagung teil. Die Beiträge waren auch 1999 ausschließlich experimentelle Originalarbeiten. Dabei wurden sowohl Arbeiten aus der Pflanzenernährung, Düngung, Bodenmikrobiologie, Ökotoxikologie, Öko- und Streßphysiolologie, Molekularbiologie, Wald- und Moorökologie dargeboten als auch praktische Fragen der Land- und Forstwissenschaften, der Schadstoffsanierung, Renaturierung und Rekultivierung behandelt. Auf diese Weise war die Basis für interdisziplinäre Diskussionen und die Einordnung der Einzelbereiche in das Beziehungsgefüge des durchwurzelten Bodenraumes gegeben. Dies entspricht dem Gesamtanliegen der Borkheider Seminare, unterschiedlich ausgerichtete Wissenschaftler zur engeren Forschungskooperation zusammenzuführen.

Die Organisation oblag der Professur „Physiologie und Ernährung der Pflanzen" der Martin-Luther-Universität Halle - Wittenberg. Außerdem waren an der Ausrichtung beteiligt: das Institut für Primärproduktion und Mikrobielle Ökologie im Zentrum für Agrarlandschafts- und Landnutzungsforschung (ZALF) Müncheberg (Kreis Märkisch - Oderland, Brandenburg), die Deutsche Gesellschaft für Pflanzenernährung (DGP) und die Kommission IV (Bodenfruchtbarkeit und Pflanzenernährung) der Deutschen Bodenkundlichen Gesellschaft (DBG). Für den Einsatz bei der Vorbereitung und Durchführung des Seminars sei Frau M. Petzold und Frau Ch. Birke (beide Halle) besonders gedankt. Als Gastgeber fungierte das Seminar- und Tagungszentrum in Schmerwitz, das wiederum die Tagungsräume, die Vorführtechnik, die Unterbringung und Verpflegung sicherstellte. In diesem Zusammenhang sind wir der Eigentümerin, Frau Morgenstern, und dem Geschäftsführer, Herrn Rost, zu großem Dank verpflichtet. Ferner danken wir Frau Professor Dr. Neeru Narula, Agraruniversität Hisar (Indien), für die kritische Durchsicht der Manuskripte. Nicht zuletzt gebührt unser Dank Herrn Jürgen Weiß vom Teubner-Verlag für die kollegiale Zusammenarbeit.

Halle und Müncheberg,
im Januar 2000

Wolfgang Merbach
Lutz Wittenmayer
Jürgen Augustin

Inhaltsverzeichnis

1 Stoffumsatz im System Pflanze — Boden

2 Stoffaufnahme und -verwertung durch Pflanzen

3 Sproß-Wurzel-Relationen

4 Biologie der Rhizosphäre

5 Rhizodepositionen und ihre Effekte

1

Stoffumsatz im System Pflanze — Boden

Rhizodeposition und Stoffverwertung.
10. Borkheider Seminar zur Ökophysiologie des Wurzelraumes.
Hrsg.: W. Merbach, L. Wittenmayer, J. Augustin. B. G. Teubner Stuttgart, Leipzig 2000, S. 13–18.

C- und N-Verbindungen aus Bioabfallkomposten und ihre Bedeutung für die N-Nachlieferung

Hein PAPE, Stefan SCHMIDT und Diedrich STEFFENS
Institut für Pflanzenernährung der Justus-Liebig-Universität Gießen, Südanlage 6, D-35390 Gießen

Abstract

An application of 30 t dry matter/ha of biowaste compost contains nearly 6.6 t carbon and 1.7 t as cellulose C in addition to 2.6 t in the form of lignin C. Our field and incubation experiments indicate that in addition to the N_t concentration and the C_t/N_t ratio of the biowaste compost, the $CaCl_2$ extractable C_{org}/N_{org} and the lignin/N_t ratio are of great importance for the long term N mineralization. The short-term N mineralization was strongly influenced by the cellulose concentration of the biowaste compost. Application of lignin reduced the N mineralization caused by N immobilization. This potential of N immobilization in soil with repeated biowaste compost application was lower as that of the soil with mineral N fertilization. These results show that a repeated biowaste compost fertilization has a quantitative and qualitative influence on the N mineralization potential of soils.

Einleitung

Das Recycling von schadstoffarmen, organischen Abfällen dürfte langfristig dazu beitragen, fossile Rohstoffe, insbesondere Phosphat, zu sparen und die Bodenfruchtbarkeit zu stabilisieren. Mit einer Bioabfallkompostdüngung werden dem Boden deutliche Mengen an C- und N-Verbindungen zugeführt. Mit einer Düngung von 30 t TS Bioabfallkompost (BAK) pro ha werden durchschnittlich 6,6 t C/ha appliziert, davon 1,7 t in Form von Cellulose-C und 2,6 t Lignin-C. Entsprechend den Ergebnissen von MAFONGOYA *et al.* (1998) dürften Lignin und weitere C-Fraktionen einen Einfluß auf die N-Mineralisation und die N-Dynamik von landwirtschaftlich genutzten Flächen haben. Gegenstand unserer Untersuchung war es, die Wirkung von BAK verschiedener Reifegrade auf die N-Dynamik zu untersuchen, wobei die Schätzung der N-Nachlieferung von BAK im Vordergrund der Betrachtungen standen. Das Ziel war es, die für die N-Nachlieferung wichtigen C- und N-Fraktionen der Bioabfallkomposte in Laborversuchen zu bestimmen und aus diesen eine multiple Regression zur Schätzung der N-Nachlieferung zu erarbeiten.

Material und Methoden

Feldversuch

Die Feldversuche wurden auf sechs Standorten jeweils in Hessen als Blockanlagen durchgeführt. Bei den Versuchsstandorten handelt es sich um vier erodierte Parabraunerden aus Löß, einer Braunerde aus Buntsandstein sowie einer Rendzina aus Tonschiefer. Im Frühjahr 1993 und im Herbst 1995 wurden die Standorte mit 30 t TS Bioabfallfrisch- bzw. Fertigkompost je Hektar gedüngt. Die Varianten des Feldversuchs sind in der Tab. 1 dargestellt.

Tab. 1. Varianten der Feldversuche.

Variante	Beschreibung
Kontrolle	keine Kompost- und mineralische Düngung
BAK 1	Bioabfallfrischkompostdüngung (Rottegrad II ... III) in einer Gabe von 30 t TS/ha im Frühjahr 1993 und im Spätsommer 1995
BAK 2	Bioabfallfrischkompostdüngung (Rottegrad IV ... V) in einer Gabe von 30 t TS/ha im Frühjahr 1993 und im Spätsommer 1995
min N	keine Kompostdüngung, aber Mineral-N-Düngung nach den Vorgaben der Stickstoffbedarfsanalyse, SBA (HLVA Kassel)
BAK 1 + min N	wie Variante BAK 1 plus Mineral-N-Düngung nach den Vorgaben der Stickstoffbedarfsanalyse, SBA (HLVA Kassel)
BAK 2 + min N	wie Variante BAK 2 plus Mineral-N-Düngung nach den Vorgaben der Stickstoffbedarfsanalyse, SBA (HLVA Kassel)

Inkubationsversuche

Um die N-Freisetzung aus BAK näher zu charakterisieren, wurden im ersten Inkubationsversuch zu zwei feldfeuchten Oberböden unserer Feldversuche 20 Bioabfallfrischkomposte (BAK I) und 20 Bioabfallfertigkomposte (BAK II) in einer Menge von 1,5 g TS je 150 g Boden appliziert. Dies entspricht einer BAK-Düngung von 30 t TS/ha bei einer Einarbeitungstiefe von 20 cm. Bei den Versuchsböden handelt es sich um eine Braunerde (Buntsandsteinverwitterungsboden, Standort *B*), *p*H 6,4 und eine erodierte Parabraunerde aus Löß (Standort *E*), *p*H 6,6. Im zweiten Inkubationsversuch wurde ein Bioabfallfertigkompost (FK) zu einem rein mineralisch gedüngtem Oberboden (min N) und einem mit Kompost und mineralisch gedüngtem Oberboden (BAK 2 + min N) des Standorts *E* appliziert (siehe Tab. 1 und 2). Die Applikation erfolgte in den gleichen Mengen wie beim ersten Inkubationsversuch. Desweiteren erfolgte noch eine Zugabe von 5 % Lignin bzw. Cellulose (siehe Tab. 2). Die Inkubationen erfolgten bei 20 °C und 50 % der maximalen Wasserhaltekapazität der Versuchsböden.

Tab. 2. Varianten des zweiten Inkubationsversuches.

Boden	Fertigkompost-applikation	5%iger Zusatz	
		Cellulose	Lignin
min-N	ohne	ohne	ohne
		mit	ohne
		ohne	mit
	mit	ohne	ohne
		mit	ohne
		ohne	mit
BAK 2 + min-N	ohne	ohne	ohne
		mit	ohne
		ohne	mit
	mit	ohne	ohne
		mit	ohne
		ohne	mit

Ergebnisse und Diskussion

Feldversuch

Im Feldversuch konnten im Durchschnitt der fünf Versuchsjahre und sechs Standorte keine signifikanten Unterschiede zwischen den Erträgen der Variante nur mit mineralischer N-Düngung und den BAK-Varianten mit mineralischer N-Düngung festgestellt werden (siehe Abb. 1). Im Einzelnen wurden jedoch deutliche Unterschiede in den einzelnen Jahren beobachtet. 1995 lagen die Erträge in den BAK-Varianten mit mineralischer N-Düngung deutlich unter den Erträgen der nur mineralisch gedüngten Variante (siehe Abb. 1). Am stärksten waren die Ertragsdepressionen bei der Wintergerste zu erkennen, welche durch ein starkes Lager hervorgerufen wurde (siehe Abb. 2). Da die Erträge der nur mit BAK gedüngten Varianten denen der nur mineralisch gedüngten Variante entsprachen, kann vermutet werden, daß die Ertragsdepression durch eine Stickstoffüberversorgung aufgrund einer sehr schubhaften N-Mineralisation hervorgerufen wurde.

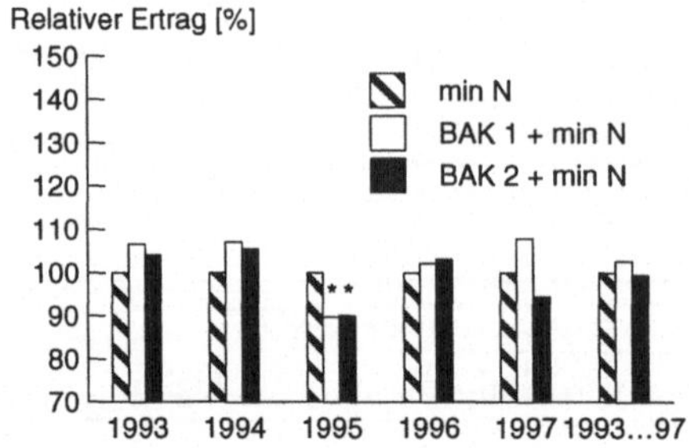

Abb. 1. Wirkung von BAK verschiedener Reifegrade auf den durchschnittlichen relativen Kornertrag von sechs Standorten und fünf Jahren.

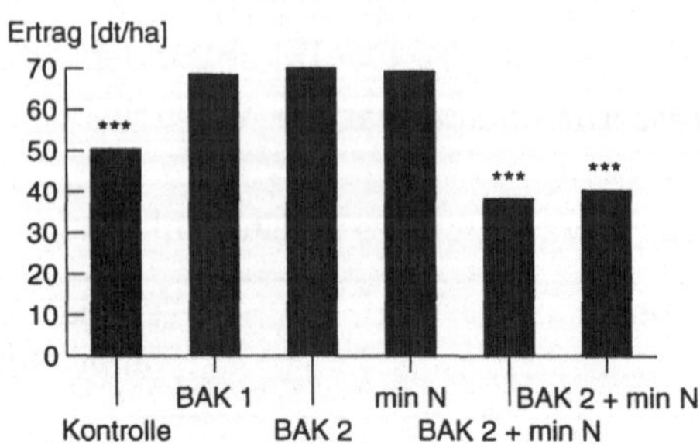

Abb. 2. Wirkung von BAK verschiedener Reifegrade auf den Kornertrag von Wintergerste Standort *E* 1995.

Inkubationsversuche

Um die N-Freisetzung aus BAK näher zu charakterisieren, wurden Inkubationsversuche durchgeführt. Der Verlauf der verschiedenen N-Mineralisation der BAK während der Inkubation konnte recht gut an eine lineare Gleichung angepaßt werden. In Tab. 3 sind für Standort *E* (Parabraunerde aus Löß) die Gleichungen für die Kontrollvariante und die Gruppe der Frischkomposte dargestellt. Die Anstieg der Geraden (b) war für die Frischkomposte signifikant höher als die der Kontrolle. Im Verlauf der Inkubation wurden aus den Komposten ca. 10 mg N je kg Boden mehr freigesetzt als in der Kontrollvariante. Diese Differenz entspricht einer Freisetzung von 45 kg N/ha aus den Frischkomposten.

Tab. 3. Regressionskoeffizienten und Bestimmtheitsmaße (*B*) zur Beschreibung der linearen Gleichung $\hat{y}$ = a + bx für die N-Mineralistaion im Mittel von 20 Frischkomposten (⌀ BAK 1) und der Kontrollvariante.

Variante	Regressionskoeffizient		*B*
	a	b	
Kontrolle	7,5	0,25	0,98
⌀ BAK 1	2	0,34***	0,95

Mit Hilfe von Regressionsanalysen sollten die für die Stickstofffreisetzung wichtigen Parameter abgeschätzt werden. In Tab. 4 sind die Korrelationskoeffizienten (*r*) für die Beziehungen zwischen der N-Nachlieferung am 49., 98. und 196. Tag der Inkubation und den Gehalten der einzelnen C- und N-Fraktionen der BAK für beide Böden dargestellt. Der 49. Tag der Inkubation soll dabei der kurzfristigen und der 196. Tag der langfristigen N-Nachlieferung der BAK entsprechen. Neben dem N_t-Gehalt und dem C_t/N_t-Verhältnis von BAK hatte auch das $CaCl_2$-extrahierbare C_{org}/N_{org}- und das Lignin/N_t-Verhältnis der BAK eine große Bedeutung für die langfristige N-Nachlieferung. Kurzfristig wurde die N-Nachlieferung aus den BAK jedoch sehr stark durch den Cellulose-Gehalt der BAK beeinflußt. Für den 98. Tag betrug der Regressionskoeffizient für N_t vs. N-Nachlieferung 0,69. Dieser Befund ist im Einklang mit der Ergebnissen von Popp *et al.* (1996) sowie Asche und Steffens (1995).

Tab. 4. Regressionskoeffizienten für die Beziehungen zwischen der N-Nachlieferung und einzelner Kompostparameter.

Tag	Standort	N_t	C_t	C_{org}*	Cellulose	Lignin	C_t/N_t	C_{org}*/ N_t	C_{org}/ N_{org}	Lignin/N_t
49	B	0,44	0,46	0,15	0,66	0,15	0,7	0,32	0,61	0,36
	E	0,32	0,35	0,23	0,61	0,15	0,67	0,37	0,52	0,29
98	B	0,56	0,03	0,35	0,31	0,51	0,59	0,25	0,64	0,67
	E	0,65	0,24	0,2	0,49	0,4	0,78	0,01	0,79	0,65
196	B	0,71	0,17	0,59	0,31	0,59	0,59	0,45	0,72	0,79
	E	0,64	0,17	0,5	0,19	0,33	0,51	0,38	0,66	0,6

$r \geq 0{,}31$ – signifikanter Einfluß ($P \leq 0{,}05$) des Parameters auf die N-Nachlieferung,
$r \geq 0{,}41$ – hoch signifikanter Einfluß ($P \leq 0{,}01$) des Parameters auf die N-Nachlieferung,
$r \geq 0{,}51$ – hoch signifikanter Einfluß ($P \leq 0{,}001$) des Parameters auf die N-Nachlieferung,
* – 0,01 M $CaCl_2$-Extrakt.

Durch die Verwendung einer multiplen Regression konnte der Regressionskoeffizient auf 92 % bzw. das Bestimmtheitsmaß (r^2) auf 85 % erhöht werden.

$$\text{N-Nachlieferung} = 145 + 16N_t + 15LN(N_{org}\text{-}N) - 24LN(C_{org}\text{-}C) - 12LN(\text{Lignin-C})$$

In die Regressionsgleichung gehen N_t sowie der $CaCl_2$-extrahierbare N_{org}-Gehalt der Komposte positiv und die C-Fraktionen Lignin und $CaCl_2$-extrahierbarer C_{org} negativ ein. Dieses Ergebnis zeigt, daß neben den N-Fraktionen auch die C-Fraktionen Lignin und $CaCl_2$-extrahierbarer C_{org} eine große Bedeutung für Schätzung der N-Nachlieferung von BAK haben.

In einem weiteren Inkubationsversuch wurde der Einfluß von Lignin und Cellulose auf das Mineralisationsverhalten überprüft. Desweiteren sollte getestet werden, inwieweit eine vorangegangene Kompostapplikation einen Einfluß auf das Mineralisationspotential hat. Die Ergebnisse dieses Inkubationsversuchs sind in Tab. 5 dargestellt. Zunächst wird die erhöhte N-Nachlieferung des zuvor mit BAK gedüngten Boden deutlich. Infolge der Kompostzugabe stieg die N-Nachlieferung des mit mineralischem N gedüngten Bodens um 17 bzw. um 24 % in dem zuvor mit BAK gedüngten Boden an. Die alleinige Ligninzugabe reduzierte bei beiden Böden die N-Nachlieferung aufgrund einer N-Immobilisierung, wobei die N-Sperre in dem BAK 2 + min N-Boden mit nur 3 % im Vergleich zu 27 % weniger ausgeprägt war. Beim Vergleich der Variante mit Lignin und Fertigkompostzugabe mit der Fertigkompostvariante betrug die N-Sperre 18 %. Hingegen konnte im BAK 2 + min N-Boden keine durch Lignin induzierte N-Sperre beim Vergleich der kombinierten Applikation von Fertigkompost und Lignin und der reinen Fertigkompostapplikation festgestellt werden (Tab. 5).

Tab. 5. Mineralischer N im Boden in Abhängigkeit von der zuvor im Feld erfolgten BAK-Düngung sowie von der Applikation von Kompost und Lignin; 98tägiger Laborversuch. Absolutwerte in mg N je kg Boden, Relativwerte in Prozent zur Kontrolle.

Boden	Kontrolle		Kompost		5 % Lignin		Kompost und 5 % Lignin	
	absolut	relativ	absolut	relativ	absolut	relativ	absolut	relativ
min N	40	100	46,9	117	29	73	39,4	99
BAK 2 + min N	45,7	100	56,8	124	44,5	97	57,1	125

Dieser Befund zeigt, daß durch eine mehrmalige BAK-Düngung die Poolgrößen für die N-Nachlieferung nicht nur quantitativ, sondern auch qualitativ verändert werden. Durch die Cellulosezugabe wurden ähnliche Ergebnisse erzielt wie durch die Ligninzugabe, wobei die N-Sperre in den Cellulose-Varianten zeitlich begrenzter zu sein scheint als in den Lignin-Varianten.

Literaturverzeichnis

Asche, E.; Steffens, D., 1995: Einfluß von Bioabfallkompost verschiedener Reifegrade auf Ertrag, N-Dynamik und Bodenstruktur im Feldversuch auf neun Standorten in Hessen. *Kolloquium über die Verwertung von Komposten im Pflanzenbau vom 30. bis 31. Januar 1995 in Kassel.* M. Budig, H. Schaaf, G. D. Schaumberg (Hrsg.) Hessisches Landesamt für Regionalentwicklung und Landwirtschaft, 59–74.

Mafongoya, P. L.; Nair, P. K. R.; Dzowela, B. H., 1998: Mineralization of nitrogen from decomposing leaves of multipurpose trees as affected by their chemical composition. *Biology and Fertility of Soils* **27**, 143–148.

Popp, L.; Ebertseder, T.; Gutser, R.; Fischer, P.; Claassen, N., 1996: Prognose der kurzfristigen N-Wirkung von Komposten durch Kombination chemischer und biologischer Parameter. *VDLUFA-Schriftenreihe* **44**, 397–400.

Rhizodeposition und Stoffverwertung.
10. Borkheider Seminar zur Ökophysiologie des Wurzelraumes.
Hrsg.: W. Merbach, L. Wittenmayer, J. Augustin. B. G. Teubner Stuttgart, Leipzig 2000, S. 19-27.

Die Umsetzung und Verteilung von 9-^{14}C-Phenanthren in Modellpflanzenkläranlagen unter besonderer Berücksichtigung des Einflusses von gelösten Huminstoffen

Jörg Plugge*, Jürgen Pörschmann* und Jürgen Augustin‡
*Umweltforschungszentrum Leipzig - Halle GmbH, Sektion Sanierungsforschung, Permoserstraße 15, D-04318 Leipzig; ‡Zentrum für Agrarlandschafts- und Landnutzungsforschung e. V., Institut für Primärproduktion und Mikrobielle Ökologie, Eberswalder Straße 84, D-15374 Müncheberg

Abstract

Studies were carried out to quantify sorption interactions, plant uptake and microbial degradation of 9-^{14}C-Phenanthrene in laboratory-scale constructed wetlands for the determination of biotic and abiotic interactions in relation to various dissolved organic matter (DOM) concentrations in the system. The impact of DOM enhanced the specific activity both in the outflow of the system and the CO_2 and also reduction in the specific activities of phenanthrene in soil as well as in the plant due to sorption interactions between the DOM and the pollutant. Furthermore, the results point out the slight increase in mineralization of phenanthrene to CO_2 and increase in the overall efficiency with plant in comparison to unplanted system.

Einleitung

Pflanzenkläranlagen gewinnen neben der Anwendung zur Reinigung kommunaler Abwässer zunehmend Bedeutung für die Klärung industrieller Abwässer und Altlasten. Dabei ist für das Verständnis und die Optimierung eines Reinigungsprozesses die Betrachtung sowohl abiotischer als auch biotischer Wechselwirkungen notwendig (Shann 1995 und dort zitierte Literatur).

Bis heute fehlen umfangreiche Untersuchungen zur Umsetzung und Verteilung von Schadstoffen in Pflanzenkläranlagen unter Anwendung geeigneter Methoden, die auch eine Bilanzierung der Prozesse im Filterbeet ermöglichen. Diese Arbeit verwendet am Beispiel von 9-^{14}C-Phenanthren als hydrophoben Modellschadstoff die Radioisotopentechnik zur Aufklärung der im System „Pflanzenkläranlage" ablaufenden Prozesse. In Analogie zur Nutzung von Chelaten, die eine verbesserte Schwermetalldesorption aus Böden hervorrufen (Huang *et al.* 1997), wird untersucht, inwieweit das Sorptions- und Reaktionsvermögen gelöster Huminstoffe gegenüber hydrophoben Organika (PÖRSCHMANN *et al.* 1999) die Abbauvorgänge im System Pflanze – Boden beeinflußt.

Material und Methoden

Versuchskonzeption und durchgeführte Versuchsreihen

Es wurde eine Versuchsanlage konzipiert, die eine Bilanzierung der Radioaktivität in festen, flüssigen und gasförmigen Kompartimenten ermöglicht (Abb. 1). Die wesentlichen Merkmale sind:

- Glassäulen, die einen vertikal durchströmten Sandfilter aufnehmen. Eine Kompartimentierung der Gasräume ermöglicht es, die Freisetzung der gasförmigen Abbauprodukte über den Wurzelraum oder den Sproß unterscheiden zu können.
- Eine geschlossene, lichtdurchlässige, gasdichte Kammer zur Aufnahme der Säulen.
- Die tägliche Applikation von radioaktiv markiertem 9-^{14}C-Phenanthren in Nährlösung, um eine vom Abwasser durchströmte Pflanzenkläranlage zu simulieren.
- Die ^{14}C-Traceranalyse der beiden genannten Gasvolumina und der im Auslauf der Säulen erhaltenen Lösungsproben während der Versuchslaufzeit sowie die Analyse sämtlicher Fraktionen nach Versuchsende auf den Kohlenstoffgehalt und die ^{14}C-Radioaktivität.

Zur Verifizierung des Einflusses eines Pflanzenbewuchses bzw. einer Zugabe von gelösten Huminstoffen auf die Verstoffwechslung des Schadstoffes wurden vier Versuchsvarianten durchgeführt:

- unbepflanzte Sandfilter, 0 mg/l Fulvosäure (FS) im Modellabwasser,
- unbepflanzte Sandfilter, 100 mg gelöste Fulvosäure je l Modellabwasser,
- mit Rohrglanzgras bepflanzte Sandfilter, 0 mg Fulvosäure je l Modellabwasser,
- mit Rohrglanzgras bepflanzte Sandfilter, 100 mg Fulvosäure je l Modellabwasser.

Rohrglanzgras (*Phalaris arundinacea* L.) stellt einen typischenVertreter der in Pflanzenkläranlagen verwendeten Helophyten dar.

Konstruktion der Anlage

Zur Durchführung der Traceruntersuchungen kamen abgedunkelte Glassäulen zum Einsatz, die bis kurz unter den Rand mit Sand gefüllt waren. Der obere Abschluß des Gefäßes erfolgte durch einen PVC-Deckel mit drei eingebohrten Löchern für die Sprosse von drei Pflanzen. Zwei zusätzliche Bohrungen ermöglichten den Anschluß von PVC-Schläuchen zum Absaugen von Gasvolumina aus dem Kopfraum des Glasgefäßes. Nach dem Einfüllen und Bepflanzen des Sandes mit Rohrglanzgras wurde der Deckel mit einer Silikonkautschukpaste vergossen und damit ein gasdicht verschlossener Säulenkopfraum erhalten, der vollständig vom Sproßraum getrennt ist.

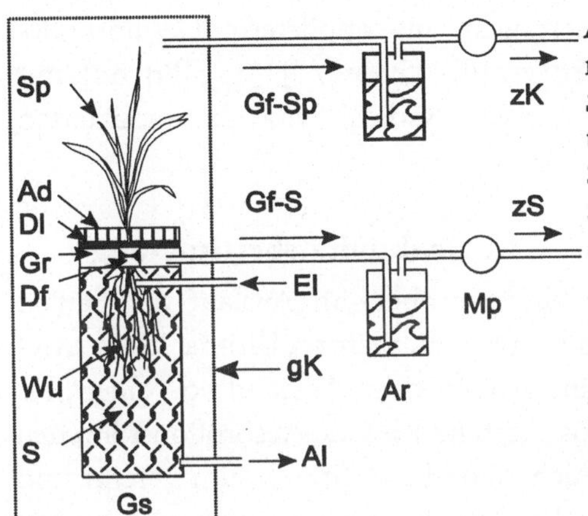

Abb. 1. Schematischer Aufbau des Experiments zur Durchführung der Tracerversuche. *Sp* – Sproß, *Ad* – gasundurchlässige Abdichtung, *Dl* – PVC-Deckel, *Gr* – Gasraum mit Substrat-CO_2, *Df* – Durchführung für den Sproß, *Wu* – Wurzel, *S* – Sand, *Gs* – Glassäule, *Gf-Sp* – Gasfluß mit Sproß-CO_2 (20 ml /min), *Gf-S* – Gasfluß mit Substrat-CO_2 (10 ml/min), *El* – Einlauf (Nährlösung mit 0,1 mg 9-^{14}C-Phenanthren/l), *Al* – Auslauf, *Ar* – CO_2-Absorptionsröhrchen (vier in Reihe); *zK* – zurück zur Kammer, *zS* – zurück zur Säule, Mp – Membranpumpe, *gK* – geschlossene PVC-Kammer.

Die Beleuchtung (Tag/Nacht-Rhythmus 12/12 h) der Pflanzen erfolgte mit einer Stärke von 300 $\mu E/(m^2 \cdot s)$, gemessen in der Kammer. Die CO_2-Konzentration in der Kammer wurde auf einen konstanten Wert von 370 ppm geregelt.

Der Substratgasraum jeder Säule, der das im Sandfilter freigesetzte aktive Kohlendioxid enthält, sowie der Gasraum der Kammer, der unter anderem das über den Sproß freigesetzte Kohlendioxid enthält („Sproß-Gas"), wurden kontinuierlich abgepumpt und das Gasvolumen über vier in Reihe geschaltete Absorptionsröhrchen geleitet, in denen sich 0,5 N NaOH zur CO_2-Absorption befand. Anschließend erfolgte die Rückführung des Volumenstromes in einem geschlossenen Kreislauf.

Als radioaktive Tracersubstanz wurde 9-^{14}C-Phenanthren (Sigma-Aldrich GmbH, Deisenhofen, Wasserlöslichkeit 1 mg/l) mit einer spezifischen Radioaktivität von 449 MBq/mmol und einer radiochemischen Reinheit >99 % verwendet. Das zu den Säulen applizierte Modellabwasser bestand aus 10 ml einer konzentrierten Hoagland-Nährlösung und 1,17 g NaCl in 990 ml Wasser sowie 100 µg/l Phenanthren. Zur Verifizierung des Einflusses von Huminstoffen enthielt diese Lösung außerdem 100 mg/l einer isolierten aquatischen Fulvosäure (FS „Fuhrberg"). In den Versuchen wurde gewaschener O2A-Sand (Kieswerk Kleinpösna, Sachsen) in der Siebfraktion 0,315 ... 1,6 mm als Filtersubstrat sowie auf diesem Sand mit Hoagland-Nährlösung angezogenes Rohrglanzgras verwendet. Der Sand enthielt 0,011 % organischen Kohlenstoff und ausschließlich die autochthonen Mikroorganismen. Zu Beginn einer Versuchsreihe hatten die Pflanzen ein Alter von zwölf bis 15 Wochen und eine Sproßhöhe von ca. 25 ... 30 cm.

Während der Versuchslaufzeit (maximal 50 Tage) wurden in den Zulauf jeder Säule täglich einmalig und impulsartig 50 ml radioaktive Nährlösung dosiert. Die Grundlage für die Radioaktivitätsbilanzierungen, die applizierte Gesamtradioaktivität I je Säule, berechnet sich nach I [Bq] = t [d] × 50 [ml/d] × i_{spez} [Bq/ml], mit t = Versuchsdauer der Säule und i_{spez} = spezifische Radiosktivität der applizierten Nährlösung.

Probenahme und -aufarbeitung sowie ^{14}C-Radioaktivitätsbestimmung

Während des Versuchs wurden täglich Lösungsproben im Auslauf der Säulen genommen, das Volumen bestimmt und mit Szintillator „Ultima Gold XR" (Canberra-Packard GmbH, Frankfurt/Main) gemischt. Im Abstand von einem bis drei Tagen wurden die Natriumhydroxidlösungen in den CO_2-Absorptionsröhrchen gewechselt, die vier Teilvolumina je Versuchssäule bzw. Sproßraum vereint und ebenfalls mit „Ultima Gold XR" gemischt. Die Radioaktivitätsbestimmungen erfolgten anschließend durch β-Szintillationszählungen.

Nach dem Versuchsende wurde jede Säule nach dem folgenden Verfahren aufgearbeitet: Nach dem Trennen des Zwischenkornvolumens vom Sand und dem Abschneiden des Sprosses konnte der Wurzelballen aus der Sandsäule entnommen, der anhaftende wurzelnahe Sand mit Wasser abgewaschen und die Waschlösung filtriert werden.

Der abgewaschene wurzelnahe Sand sowie der nach dem Herausnehmen des Wurzelballens zurückgebliebene wurzelferne Sand wurden jeweils intensiv homogenisiert. Bei unbepflanzten Sandfiltern erfolgte eine Abnahme der oberen Schicht (ca. 20 %) und eine getrennte Analyse dieser Proben. Die Verbrennung der Sandproben zur Analyse ihres Kohlenstoffgehaltes erfolgte bei 1300 °C in einem Sauerstoffstrom mit einem Kohlenstoffanalysator „CS 500" (Eltra GmbH, Neuss). Nach Passieren des Analysators wurde das entstandene Kohlendioxid in ein Absorptionsröhrchen, gefüllt mit „Carbosorb" (Canberra-Packard GmbH, Frankfurt/Main), geleitet und dort aufgefangen. Für die Radioaktivitätsmessung wurde anschließend das Carbosorb mit Szintillator „Permaflour E+" (Canberra-Packard GmbH, Frankfurt/Main) gemischt. Die Verbrennung und Analyse der zuvor gemahlenen Sproß- und Wurzelproben erfolgte analog den Sandverbrennungen.

Die ^{14}C-Radioaktivitätsbestimmungen wurden durch β-Szintillationszählung mit einem Flüssigkeitsszintillationszähler „LS 6000 SC" (Beckmann Instruments Inc., Fullaton, CA, USA) vorgenommen

Ergebnisse und Diskussion

Ein großer Anteil der applizierten Radioaktivität wurde im CO_2 des Substratgases wiedergefunden (mindestens ein Drittel), darüber hinaus große Anteile am Substrat und in der Pflanze. Die Reinigungsleistung der Modellanlagen, gemessen an der Bilanz der Radioaktivität zwischen dem Zu- und Ablauf der Säulen, war bei bepflanzten Systemen höher als bei unbepflanzten, siehe Tab. 1.

Tab. 1. Verbleib von 9-^{14}C-Phenanthren und seiner Abbauprodukte in Abhängigkeit vom Bewuchs und vom Fulvosäure- (FS-) Eintrag. Angaben in Prozent von der applizierten Gesamtradioaktivität, n = 3 - 5.

Fraktion	Rohrglanzgras		unbepflanzt	
	0 mg FS/l	100 mg FS/l	0 mg FS/l	100 mg FS/l
Substrat-CO_2	36,3	44,8	34,1	41
Pflanze	16,6	9,9	–	–
Rhizosphäre bzw. oberes Substrat*	15,5	8,1	18,2	14,8
wurzelfernes bzw. unteres Substrat	16,5	17,6	20,6	16,9
Ablauflösung	1,7	2,2	11,2	10,9
sonstiges, inklusive Sproß-CO_2	2,7	4,1	3,8	4,4
Wiederfindungsquote, insgesamt	89,3	86,7	88	88

*) bei unbepflanzten Sandfiltern entspricht die Masse des oberen Substrates 18 ... 29 % (⌀ = 22 %) des gesamten Substrates, bei bepflanzten Sandfiltern 3 ... 17 % (⌀ = 12 %).

Der Eintrag von Fulvosäure in das System erhöhte die mikrobielle Verwertung des Phenanthrens im Substrat und verringerte die Schadstoffaufnahme in die Pflanze sowie die Sorption am Filtersubstrat. In den folgenden Abschnitten werden mögliche Ursachen für diese Befunde diskutiert.

Die Reinigungsleistung der Modellsysteme

Die Reinigungsleistung ist definiert als prozentuale Abnahme der Radioaktivität im Modellabwasser während dessen Passage durch das Filtersystem. Aus Abb. 2 wird deutlich, daß die Radioaktivitäten im Auslauf innerhalb von 19 - 20 Tagen anstiegen und das System anschließend im Gleichgewicht ist.

Die spezifischen Radioaktivitäten im Auslauf waren deutlich geringer, wenn bepflanzte Sandfilter verwendet wurden. Demgegenüber erhöhte ein Einbringen von aquatischer Fulvosäure in das Modellsystem bei unbepflanzten und bepflanzten Filtersäulen die spezifische Radioaktivität der Auslauflösung, d. h. der Reinigungsgrad des Modellsystems wurde durch das Einbringen einer Fulvosäure verringert. In Tab. 2 ist die Reinigungsleistung der Systeme nach Erreichen eines Fließgleichgewichts angegeben.

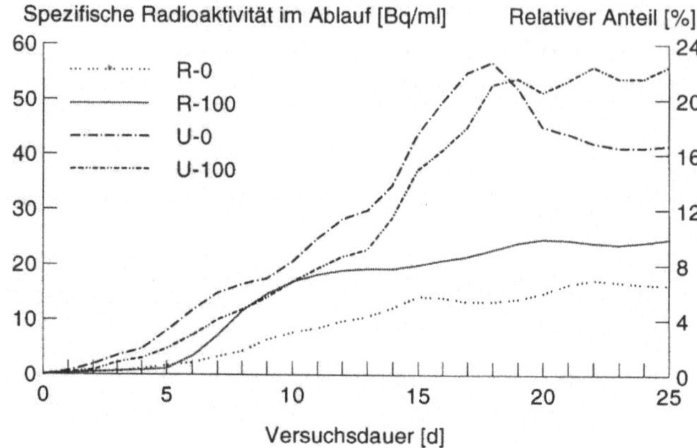

Abb. 2. Spezifische Radioaktivitäten in den Ablauflösungen sowie deren relative Anteile an den spezifischen Radioaktivitäten im Zulauf der Filtersäulen. *R-0* – Rohrglanzgras, 0 mg FS/l, *R-100* – Rohrglanzgras, 100 mg FS/l, *U-0* – unbepflanzt, 0 mg FS/l, *U-100* – unbepflanzt, 100 mg FS/l.

Tab. 2. Die Reinigungsleistung* der Systeme nach Erreichen eines Gleichgewichtzustandes. Angaben in Prozent.

	Rohrglanzgras		unbepflanzt	
	0 mg FS/l	100 mg FS/l	0 mg FS/l	100 mg FS/l
Reinigungsleistung	98,2	97,5	85,8	79,1
Faktor bepflanzt/unbepflanzt	1,14	1,23		
Faktor 100/0 mg FS je Liter		0,99		0,92

* Mittelwerte der Tage 19 - 25, je drei Filtersäulen je Versuchsreihe (relative Standardabweichung 1 ... 12 % für bepflanzte und 44 ... 65 % für unbepflanzte Filtersäulen).

Die erhöhte Reinigungsleistung der bepflanzten Filter beruht zum einen auf einer verstärkten mikrobiellen Aktivität durch Verwertung der in das Substrat eingetragenen Wurzelexsudate als zusätzliche Kohlenstoffquelle (Brix 1994). Zum anderen begünstigt der Eintrag von Sauerstoff über die Wurzeloberfläche in die Rhizosphäre die aerobe Metabolisierung des Phenanthrens (Armstrong und Armstrong 1990). Der Grund für die verringerte Reinigungsleistung in Systemen mit Fulvosäure ist die „Transportfunktion" des organischen Makromoleküls: Eine Sorption des Phenanthrens – oder dessen Metabolite – an die Fulvosäure verändert das Verteilungsgleichgewicht des Analyten zwischen der wäßrigen Phase und den übrigen Komponenten des Mehrphasensystems (Sand, Wurzeln, Mikroorganismen etc.) zugunsten der wäßrigen Phase (McCarthy 1989).

Die Substratatmung

Die Ergebnisse der Analysen der Substratgase auf $^{14}CO_2$ zeigten eine starke mikrobielle Mineralisierung des Phenanthrens im Filtersubstrat des Modellsystems. Nach einem schnellen Anstieg der gemessenen Radioaktivitäten innerhalb der ersten Versuchswoche stabilisierten sich die Werte der Versuchsreihen nach sechs bis zwölf Tagen. Befand sich Fulvosäure in der Zulaufnährlösung, so wurden erhöhte $^{14}CO_2$-Radioaktivitäten im Substratgas registriert. Dies galt für Versuchsreihen mit unbepflanzten und bepflanzten Sandfiltern. Ein Vergleich der Versuche untereinander ist in Tab. 3 angegeben.

Tab. 3. Anteil der $^{14}CO_2$-Radioaktivität im Substratgas* bezogen auf die applizierte ^{14}C-Radioaktivität. Angaben in Prozent von Radioaktivität im Zulauf.

	Rohrglanzgras		unbepflanzt	
	0 mg FS/l	100 mg FS/l	0 mg FS/l	100 mg FS/l
$^{14}CO_2$-Aktivität im Substratgas	41,6	52,9	37,1	49,4
Faktor bepflanzt/unbepflanzt	1,12	1,07		
Faktor 100/0 mg FS je Liter		1,27		1,33

*) Mittelwerte der Tage 12 - 25, je drei Filtersäulen je Versuchsreihe (relative Standardabweichung 4 ... 19 % für bepflanzte und 1 ... 20 % für unbepflanzte Filtersäulen).

Es wird ein Zusammenhang zwischen der Phenanthren-Mineralisation und der Existenz von Fulvosäure in der Nährlösung deutlich. Drei Erklärungsmöglichkeiten kommen dafür in Betracht:

1. Die Abnahme der freien Konzentration von Phenanthren in der Lösung durch Sorption an die Fulvosäure verringert die Aufnahme des Schadstoffes über die Pflanzenwurzeln.
2. Die Sorption des Phenanthrens an die Substratmatrix wird durch die konkurrierende Sorption an die Fulvosäure vermindert. Durch die Erhöhung der in der wäßrigen Phase vorliegenden Phenanthrenmenge ist ein leichterer Angriff der autochthonen Mikroorganismenpopulationen möglich.
3. Die Fulvosäure dient als zusätzliche Kohlenstoffquelle und verstärkt die mikrobiellen Stoffwechselprozesse.

Die ersten beiden Thesen werden durch die Gesamtradioaktivitätsbilanz belegt (siehe Tab. 1) und im nächsten Abschnitt genauer betrachtet. Die dritte These konnte anhand von Kohlenstoffbilanzen bewiesen werden, die eine Umsetzung von ca. 10 % der Fulvosäure in bepflanzten und von ca. 20 % in unbepflanzten Filtersäulen belegen.

Die im Sproßraum registrierte Radioaktivität bei Versuchsreihen mit bepflanzten Sandfiltern betrug 0,2 ... 0,4 % der Gesamtbilanz, d. h. im Vergleich zur direkten CO_2-Abgabe aus dem Substrat in den Gasraum ist der Weg über die Planze zu vernachlässigen.

Die Analytaufnahme in die Pflanze und die Sorption am Substrat

In den Versuchsreihen mit Fulvosäure im System lagen die Gesamtradioaktivitäten in diesen Kompartimenten in der Regel niedriger als bei Versuchen ohne zudosierter Fulvosäure, siehe Tab. 1. Da die Einwaagen der einzelnen Kompartimente großen Streuungen unterworfen waren, ist ein Vergleich der spezifischen Radioaktivitäten in den Planzen- und Substratkompartimenten vorteilhafter, um Unterschiede bezüglich der Sorption am Substrat und der Aufnahme durch die Pflanze zu verdeutlichen, siehe Tab. 4.

Tab. 4. Spezifische Radioaktivitäten* der Kompartimente Pflanze und Substrat; n = 3. Angaben in Bq je Gramm Trockenmasse.

	Rohrglanzgras		unbepflanzt	
	0 mg FS/l	100 mg FS/l	0 mg FS/l	100 mg FS/l
wurzelnahes/obere Substrat	152	66	152	134
wurzelfernes/unteres Substrat	70	51	51	40
Sproß	5453	3871	–	–
Wurzel	11288	9802	–	–

*) relative Standardabweichung 3 ... 15 % für bepflanzte und 5 ... 34 % für unbepflanzte Filtersäulen.

Beim Vergleich der spezifischen Radioaktivitäten wird deutlich, daß die Fulvosäure im System sowohl die Sorption von Phenanthren bzw. dessen Metaboliten an der Substratmatrix als auch die Aufnahme über die Wurzeln in die Pflanze aufgrund ihrer „Vehikelfunktion" verringert. Für die verminderte Substratsorption ist die Konkurrenzsorption an der Fulvosäure direkt verantwortlich.

Die geringere Aufnahme der Radioaktivität in die Pflanze resultiert aus der Hypothese, daß die Makromoleküle des Huminstoffs die Zellmembranen der Pflanzenwurzeln nicht passieren und dadurch an die Fulvosäure sorbiertes Phenanthren von der Wurzel ausgeschlossen wird. Den Beweis lieferte die Fulvosäurekonzentration in der Auslauflösung: Sie war um den Faktor 2,5 ... 3,3 höher als in der Einlauflösung, d. h. es erfolgte eine Aufkonzentrierung der Fulvosäure in dem Zwischenkornvolumen des Sandfilters während der Wasseraufnahme durch die Pflanze.

Danksagung

Die Untersuchungen wurden durch die Deutsche Bundesstiftung Umwelt (DBU) gefördert. Besonderer Dank gilt Frau Mirus und Herrn Blasinski für die Durchführung der Tracerversuche.

Literaturverzeichnis

Armstrong, J.; Armstrong, W., 1990: Pathways and mechanisms of oxygen transport in *Phragmites australis*. In: *The Use of Constructed Wetlands in Water Pollution Control*. P. F. Cooper, B. C. Findlater (Hrsg.) – New York: Pergamon Press, 529–543.

Brix, H., 1994: Functions of macrophytes in constructed wetlands. *Water Science and Techology* **29**, 71–78.

Huang, J. W.; Chen, J.; Berti, W. R.; Cunningham, S. D., 1997: Phytoremediation of lead-contaminated soils: Role of synthetic chelates in lead phytoextraction. *Environmental Science and Techology* **31**, 800–805.

McCarthy, J. F., 1989: Bioavailability and toxicity of metals and hydrophobic organic contaminants. In: *Aquatic Humic Substances, Influence on Fate and Treatment of Pollutants*. American Cehmical Society (Hrsg.), Washington, DC, 263–277.

Pörschmann, J.; Kopinke, F.-D., Plugge, J.; Georgi, A., 1999: Interaction of organic Chemicals (PAH, PCB, Triazines, Nitroaromatic and Tinorganic Compounds) with Dissolved Humic Organic Matter. In: *Humic Substances: Structures, Properties and Uses*. E. Ghubbour, G. Davies (Hrsg.), RSC [im Druck].

Shann, J. R., 1995: The role of plants and plant/microbial systems in the reduction of exposure. *Environmental Health Perspectives* **103** (Supplement 5), 13–15.

Rhizodeposition und Stoffverwertung.
10. Borkheider Seminar zur Ökophysiologie des Wurzelraumes.
Hrsg.: W. Merbach, L. Wittenmayer, J. Augustin. B. G. Teubner Stuttgart, Leipzig 2000, S. 28-33

Die Verteilung von assimiliertem Kohlenstoff im System Schilf – Niedermoortorf nach ^{14}C-Impulsmarkierung

Maja Richert[‡,¶], Jürgen Augustin* und Wolfgang Merbach[¶]
[‡]SGU – Studiengesellschaft Umwelttoxikologie e. V., Pappelallee 1, D-17489 Greifswald; *Institut für Primärproduktion und Mikrobielle Ökologie, ZALF e.V., Eberswalder Straße 84, D-15374 Müncheberg, [¶]Institut für Bodenkunde und Pflanzenernährung, Martin-Luther-Universität Halle - Wittenberg, Adam-Kuckhoff-Straße 17 b, D-06108 Halle/Saale

Abstract

Short-term (3 - 6 d) and long-term (27 d) laboratory experiments were carried out to determine the distribution of assimilated carbon in the system of common reed (*Phragmites australis* (Cav.) Trin. ex Steud.) – waterlogged fen soil after ^{14}C pulse labelling. Maximally 2 % of the assimilated plant ^{14}C were released from the fen soil as CO_2 and about 5 to 9 % remained in the soil. The remaining ^{14}C from reed plants grown in waterlogged fen soil had the same proportion as that in the cultivated plant grown in mineral soil, despite of lower ^{14}C release (*i. e.* rhizodeposition and root respiration) from reed roots. This reveals that turnover of assimilated carbon in the waterlogged fen soil is much slower compared to mineral soils.

Einleitung

In den überfluteten (anaeroben), nährstoffreichen Niedermooren stellen hochproduktive Schilfbestände (jährlicher Sproßtrockenmassenertrag bis zu 250 dt/ha – BRADBURY und GRACE 1983, BOAR 1996) die wichtigste Antriebskraft der hier ablaufenden C-Umsetzungsprozesse dar. Davon sind besonders die für diese Standorte typischen Vorgänge der Torfbildung und -akkumulation betroffen (SUCCOW und JESCHKE 1990). Die Kenntnisse über die Beteiligung der einzelnen Pflanzenteile bzw. der von ihnen gespeisten Quellen pflanzenbürtigen Kohlenstoffs an diesen Prozessen sind allerdings noch sehr lückenhaft. Verschiedene Indizien sprechen dafür, daß insbesondere der unterirdischen Nettoprimärproduktion bei der Torfbildung eine besondere Bedeutung zuzukommen scheint. So kann nach ersten Abschätzungen beim Schilf die jährliche Neuproduktion an unterirdischen Pflanzenresten (Wurzeln und Rhizome) die erstaunliche Menge von ca. 90 dt Trockenmasse pro Hektar erreichen (LAKSHMAN 1987). Überhaupt noch keine

Angaben gibt es zur Zeit zu Schilf und anderen Sumpfpflanzen für die Rhizodeposition. Das ist die Gesamtmenge an wurzelbürtigem Kohlenstoff, der bereits im Verlauf der Ontogenese in den Boden gelangt. Wie an aeroben Mineralböden ausgeführte ^{14}C-Impulsbegasungsexperimente ergaben, vermag der C-Eintrag über die Rhizodeposition die zum Versuchsende im Boden wiedergefundene Restmenge an Wurzel-C durchaus um das 1,5- bis Vierfache zu übersteigen (SAUERBECK und JOHNEN 1976, LYNCH und WHIPPS 1990, SWINNEN 1994).

Anliegen der nachfolgend dargestellten Untersuchungen war es daher, mit Hilfe der ^{14}C-Impulsmarkierungstechnik erste Schritte zur Quantifizierung des von Schilfpflanzen in überstauten Niedermoortorf eingetragenen bzw. darin umgesetzten, pflanzenbürtigen Kohlenstoffs vorzunehmen.

Material und Methoden

Um herauszufinden, ob sich die C-Verteilung im Verlauf der Pflanzenentwicklung verändert, erfolgten kurzzeitige ^{14}C-Impulsmarkierungsexperimente mit sechs bzw. zwölf Wochen alten Schilfpflanzen. An letzteren Pflanzen wurden auch in Rahmen eines vierwöchigen Versuches Ermittlungen zur längerfristigen Verteilung von ^{14}C-markierten Assimilaten im System Pflanze — Boden durchgeführt. Ausführliche Darstellungen zur Methodik sind bei MERBACH (1992) und MERBACH *et al.* (1996) zu finden. Das Prinzip läßt sich kurz wie folgt beschreiben:

- Pflanzenanzucht über sechs bzw. zwölf Wochen in Plastgefäßen (ca. 30 × 25 × 25 cm) unter kontrollierten Bedingungen (Temperatur 20 ... 25 °C, Beleuchtung über 14 h mit Photonenfluß von 400 $\mu E/(m^2 \cdot s)$, relative Luftfeuchte 70 %),
- Abtrennung von Wurzel- und Sproßraum durch Einbringen einer gasdichten Bodenabdeckung aus Silikonkautschuk,
- Überführung der Pflanzen in $^{14}CO_2$-Begasungshauben, Fortsetzung der Pflanzenanzucht unter standardisierten Bedingungen (Temperatur 21 °C, Beleuchtung über 14 h mit Photonenfluß von 300 $\mu E/(m^2 \cdot s)$, relative Luftfeuchte 90 %),
- ^{14}C-Impulsmarkierung der Sprosse (Gesamtradioaktivität ca. 100 MBq), um die primär pflanzenbürtigen (^{14}C-markierten) C-Verbindungen von den bodenbürtigen ^{12}C-Verbindungen unterscheiden zu können,
- fortlaufende, getrennte Erfassung des Verlaufs der $^{14}CO_2$-Freisetzung aus dem Wurzel- und dem Sproßraum zur Quantifizierung der gasförmigen Verluste an pflanzenbürtigen Kohlenstoff,
- Erstellung von ^{14}C-Bilanzen zum Verbleib des pflanzenbürtigen Kohlenstoffs auf Grundlage der ^{14}C-Verteilung in den verschiedenen Kompartimenten des Modellsystems (Pflanze — Boden — Atmosphäre) nach Versuchsende.

Die sechs Wochen alten Pflanzen wurden nach drei Tagen und die zwölf Wochen alten Pflanzen nach sechs bzw. 27 Tagen geerntet. Weitere Angaben zur Versuchsdurchführung: Bestimmung des in NaOH sorbierten CO_2 aus der Bodenatmung durch Titration der verbliebenen NaOH-Lösung mit HCl nach Ausfällung von HCO_3^-/CO_3^{2-} mit überschüssigem $BaCl_2$, Ermittlung der Trockenmassen von Wurzel und Sproß sowie der C-Gehalte in den Boden- und Pflanzenkompartimenten mittels Elementaranalysator (Eltra CS 500), Bestimmung der ^{14}C-Aktivitäten in allen Fraktionen mit Flüssigszintillationszähler (LS-6000, Beckman). Untersuchte Pflanzen und Substrate: Schilfpflanzen (*Phragmites australis* (Cav.) Trin. ex Steud., sechs bzw. zwölf Wochen alt) auf anaerobem (überstautem) Niedermoortorf (8 kg, Standort Biesenbrow/Sernitz-Welse-Niederung in Brandenburg, Oberboden 0 ... 30 cm, C_t = 13,8 %, N_t = 0,86 %, *p*H 7,0).

Nach Abschluß der Experimente ließen sich in den untersuchten Kompartimenten insgesamt ca. 94 % des eingesetzten ^{14}C wiederfinden. Alle Befunde zur ^{14}C-Verteilung beziehen sich auf den Gesamtumfang der zum Versuchsende im System Pflanze – Boden – Atmosphäre nachgewiesenen ^{14}C-Radioaktivität (entspricht der Netto-$^{14}CO_2$-Nettoassimilation). Um die hier gewonnenen Resultate besser mit anderen Befunden vergleichen zu können, wurden alle Radioaktivitätsangaben zusätzlich auf die Einheit „Gramm pflanzlicher Gesamttrockenmasse“ (kBq/g Trockenmasse) umgerechnet.

Ergebnisse und Diskussion

Tab. 1. Kurzfristige Verteilung der im System Schilfpflanze – Niedermoortorf – Atmosphäre wiedergefundenen ^{14}C-Radioaktivität nach ^{14}C-Pulsmarkierung in Abhängigkeit vom Pflanzenalter. Absolutangaben in kBq je Gramm Gesamttrockenmasse. Relativzahlen in Prozent zur wiedergefundenen Radioaktivität, n = 3...6.

Radioaktivität	Pflanzenalter [Wochen]			
	6		12	
	absolut	relativ	absolut	relativ
wiedergefunden†	877,9	100	857,7	100
Sproß	615	70,1	670,4	78,2
Wurzeln und Rhizome	175,1	19,9	131,6	15,3
im CO_2 der Bodenatmung‡	10,1	1,1	5,9	0,7
Rest im Boden	77,8	8,9	49,4	5,8

†) Netto-$^{14}CO_2$-Assimilation; ‡) von Wurzeln und Mikroorganismen

Unabhängig vom Pflanzenalter ließ sich bereits ca. 30 Minuten nach Beginn der ^{14}C-Sproßmarkierung in der Bodenatmung ^{14}C-Radioaktivität nachweisen (Daten nicht gezeigt). Obgleich der weitaus größte Teil der ^{14}C-markierten Assimilate im Sproß verblieb, sind dann innerhalb weniger Tage bis zu 9 % der im System wiedergefundenen ^{14}C-Radioaktivität in den Boden gelangt. (Tab. 1). Das entspricht hier in grober Näherung auch dem Gesamtumfang der Rhizodeposition, denn der ohnehin nur in sehr geringem Umfang mit dem CO_2 der Bodenatmung freigesetzte ^{14}C entstammt nicht nur der mikrobiellen Umsetzung von wurzelbürtigen Verbindungen, sondern sicherlich zum großen Teil auch der Wurzelatmung. Abgesehen davon lassen die Resultate der kurzfristigen ^{14}C-Verteilungsstudien auf eine „Umverteilung" der neu gebildeten Assimilate zugunsten des Sprosses im Verlauf der Pflanzenentwicklung schließen (Tab. 1). Die längerfristigen Untersuchungen zur ^{14}C-Verteilung vermitteln allerdings ein etwas anderes Bild (Tab. 2).

Tab. 2. Verteilung der im System Schilfpflanze – Niedermoortorf – Atmosphäre wiedergefundenen ^{14}C-Radioaktivität nach ^{14}C-Pulsmarkierung in Abhängigkeit von der Versuchsdauer. Absolutangaben in kBq je Gramm Gesamttrockenmasse, Relativzahlen in Prozent zur wiedergefundenen Radioaktivität, n = 3...6.

Radioaktivität	Zeit nach ^{14}C-Markierung [d]			
	6		27	
	absolut	relativ	absolut	relativ
wiedergefunden[†]	857,7	100	619,5	100
Sproß	670,4	78,2	392,8	63,4
Wurzeln	42,6	5	51,5	8,3
Rhizome	88,9	10,3	125,4	20,2
im CO_2 der Bodenatmung[‡]	5,9	0,7	12,8	2,1
Rest im Boden	49,4	5,8	37,1	6
Verhältnis Wurzeln und Rhizome : Boden	1 : 0,38		1 : 0,21	

[†]) Netto-$^{14}CO_2$-Assimilation; [‡]) von Wurzeln und Mikroorganismen

Synchron zur Verringerung der ^{14}C-Radioaktivät im Gesamtsystem und im Sproß (wahrscheinlich der Sproßatmung geschuldet) nahm der Anteil des in die unterirdischen Pflanzenteile verlagerten und des über die Bodenatmung freigesetzten Assimilat-C mit der Zeit absolut und vor allem relativ erheblich zu. Am deutlichsten zeichnet sich diese Tendenz bei den Rhizomen ab. Im Gegensatz dazu veränderte sich die im Boden verbliebene ^{14}C-Menge (Rhizodeposition) kaum. Aber auch hier machte letztere Fraktion immerhin noch 21 % des in die unterirdischen Pflanzenteile verlagerten Assimilat-C aus (Tab. 2, letzte Zeile). Auf den ersten Blick weicht die im System Schilf – Niedermoortorf festgestellte Verteilung und Umsetzung von pflanzenbürtigen Kohlenstoff erheblich von den Verhältnissen ab, wie sie häufig in aeroben Mineralböden mit jungen Kulturpflanzen beobachtet wurden. So verblieb z. B. bei jungen Weizenpflanzen nur ca. 72 % der Gesamtmenge des assimilierten ^{14}C im Pflanzengewebe, während der Anteil des insgesamt in den Boden abgegebenen, wurzelbürtigen C (einschließlich Wurzelatmung) viel höher als beim Schilf lag (ca. 26 % – MERBACH 1992, MERBACH *et al.* 1996). Dessen ungeachtet findet sich am Ende im Torfkörper trotz erheblich geringerer Rhizodeposition in etwa der gleiche Anteil an pflanzenbürtigen Verbindungen wie im aeroben Boden wieder (ca. 5 bis 6 %). Aufgrund der vorliegenden Resultate ist dies wahrscheinlich auf die unter anaeroben Bedingungen stark verringerte Veratmung von Assimilat-C durch unterirdische Pflanzenteile oder Bodenmikroorganismen zurückzuführen. Lediglich bezüglich der Verteilung des im Boden befindlichen ^{14}C deuten sich erhebliche Unterschiede zwischen den verschiedenen Systemen an. Anders als in den aeroben Ackerböden (siehe Einleitung) enthielt im überstauten Niedermoor die verbliebene Rhizodeposition nur ca. ein Fünftel des in den unterirdischen Pflanzenteilen akkumulierten Assimilat-C. Bezieht man diese Relationen auf die beim Schilf unter Freilandverhältnissen nachgewiesene Menge an Wurzelresten (90 dt Trockenmasse – LAKSHMAN 1987), dann dürfte aber dennoch mit einer Rhizodeposition im Umfang von ca. 18 dt Trockenmasse pro Hektar zu rechnen sein. Das macht bei einem C-Gehalt von ca. 45 % in der Trockensubstanz ca. 8 dt pro Hektar wurzelbürtigen Kohlenstoff, der im Verlauf einer Vegetationsperiode in den Torfkörper eingebaut würde. Dieser Wert liegt genau in der Spannweite der für die natürlichen Moore Zentral- und Osteuropas angegebenen, jährlichen C-Akkumulationrate (ARMENTANO und MENGES 1986).

Obgleich diese Hochrechnung zwangsläufig mit erheblichen Unsicherheiten behaftet ist, macht sie trotzdem deutlich, daß auch beim Schilf der Rhizodeposition neben den unterirdischen Pflanzenteilen eine erhebliche Relevanz für die in Niedermooren ablaufenden C-Umsetzungsprozesse zuzubilligen ist. Um diese Befunde abzusichern, bedarf es aber dringend systematisch weitergeführter Untersuchungen. Zugleich muß nachfolgend auch geklärt werden, inwieweit die an jungen Schilfpflanzen ermittelten Resultate für ältere Pflanzen der gleichen Art oder überhaupt auch für andere Sumpfpflanzenarten gelten.

Danksagung

Die Autoren danken Frau E. Mirus, Herrn F. Blasinski und Herrn L. Steffens (alle ZALF Müncheberg) für die vorzügliche technische Unterstützung.

Literaturverzeichnis

ARMENTANO, T. V.; MENGES, E. S., 1986: Patterns of change in the carbon balance of organic soil wetlands of the temperate zone. *Journal of Ecology* **74**: 755-774.

BOAR, R. R., 1996: Temporal variations in the nitrogen content of *Phragmites australis* (Cav.) Trin. ex Steud. from a shallow fertile lake. *Aquatic Botany* **55**, 171-181.

BRADBURY, I. K.; GRACE, J., 1983: Primary production in wetlands. In: *Mires: Swamp, Bog, Fen and Moor. Ecosystems of the world.* **4a**. A. J. P. Gore (Hrsg.) – Amsterdam: Elsevier, 285-310.

LAKSHMAN, G., 1987: Ecotechnological opportunities for aquatic plants – a survey of utilization options. In: *Aquatic Plants for Water Treatment and Resource Recovery.* K. R. Reddy (Hrsg.) – Orlando: Magnolia Publishing Inc., 49-68.

LYNCH, J. M.; WHIPPS, J. M., 1990: Substrate flow in the rhizosphere. *Plant and Soil* **129**, 1-10.

MERBACH, W., 1992: Carbon balance in the system plant – soil. In: *Root Ecology and its Practical Application. Proceedings of the 3rd ISRR-Symposium Vienna.* L. Kutschera, E. Hübl, E. Lichtenegger, H. Persson, M. Sobotnik (Hrsg.) – Verein für Wurzelforschung, Klagenfurt, 299-301.

MERBACH, W.; KNOF, G.; AUGUSTIN, J.; JACOB, H. J.; JÄGER, R.; TOUSSAINT, V., 1996: Ökophysiologische Wechselbeziehungen zwischen Pflanze und Boden. In: *Reaktionsverhalten von agrarischen Ökosystemen homogener Areale.* H. Mühle, S. Claus (Hrsg.) – Stuttgart, Leipzig: B. G. Teubner Verlagsgesellschaft, 195-207.

SAUERBECK, D.; JOHNEN, B., 1976: Der Umsatz von Pflanzenwurzeln im Laufe der Vegetationsperiode und dessen Beitrag zur Bodenatmung. *Zeitschrift für Pflanzenernährung und Bodenkunde* **139**, 315-328.

SUCCOW, M.; JESCHKE, L., 1990: *Moore in der Landschaft.* Thun und Frankfurt/Main: Verlag Harri Deutsch, 268 S.

SWINNEN, J., 1994: Rhizodeposition and turnover of root-derived organic material in barley and wheat under conventional and integrated management. *Agriculture, Ecosystems and Environment* **51**, 115-128.

2

Stoffaufnahme und -verwertung durch Pflanzen

Rhizodeposition und Stoffverwertung.
10. Borkheider Seminar zur Ökophysiologie des Wurzelraumes.
Hrsg.: W. Merbach, L. Wittenmayer, J. Augustin. B. G. Teubner Stuttgart, Leipzig 2000, S. 37–41.

Untersuchungen zur Aufnahme von Methyl-*tert*.-butylether durch Blätter und Wurzeln von Spinat- und Radieschenpflanzen

Wolfgang Gans und Wolfgang Merbach
Institut für Bodenkunde und Pflanzenernährung der Martin-Luther-Universität Halle - Wittenberg, Adam-Kuckhoff-Straße 17 b, D-06108 Halle/Saale

Abstract

Petrol industry produced large quantities of waste water every year and it has 5 ... 80 mg of methyl-*tert*.-butylether per litre, a substance which is synthesized as additive for petrol. Therefore, the effect of this water from the petrol industry was used for watering spinach and red radish to see the incorporation of MTBE in these crops. In greenhouse model experiment, Mitscherlich pots were filled with quartzsand containing required nutrient solution and were watered with three concentrations of MTBE in water, i. e., 1, 100 and 500 mg/l. Two methods were followed: water containing MTBE was sprayed in one experiment and in another it was dropped on the surface of the substrate. Our results indicate, that incorporation of MTBE in spinach plants was less than 0.1 ppm in all the treatments, whereas results were quite different with red radish. Spraying the leafs with 100 and 500 mg/l of MTBE water resulted in 4 and 25 ppm of MTBE incorporation whereas in surface drop, the residues were 4 and 29.5 ppm of MTBE respectively.

Einleitung

Jährlich fallen erhebliche Mengen Brauchwasser in der petrolchemischen Industrie an, welche mit Methyl-*tert*.-butylether (MTBE) in einer Größenordnung von ca. 5 ... 80 mg/l verunreinigt sind. MTBE findet hauptsächlich Verwendung als Antiklopfmittel an Stelle von Bleitetraethyl bei der Benzinherstellung. Es war zu prüfen, in welchem Maße MTBE von Gemüsepflanzen aufgenommen werden kann, sofern sich die Substanz im Gießwasser befindet. Grundlage der Untersuchungen war das Vorhaben eines Betriebes, Brauchwasser, welches MTBE-haltig ist, zur Beregnung von Gemüseanbauflächen zu nutzen.

Material und Methoden

Im Gewächshaus wurden Spinat- und Radieschenpflanzen über längere Zeit mit MTBE-haltigem Gießwasser in Modellversuchen behandelt. Dabei gelangten verschiedene Konzentrationen zur Ausbringung. Nach der Aufbereitung des Pflanzenmaterials wurden die Proben mit Hilfe der Gaschromatographie untersucht Die Anzucht der Versuchspflanzen erfolgte in Mitscherlich-Gefäßen in reiner Sandkultur unter Verwendung einer Standardnährlösung (6 kg Quarzsand, 100 ml Nährlösung, welche 1,56 g K_2SO_4, 3,04 g $MgSO_4 \cdot 7\ H_2O$, 0,9 g NH_4NO_3 enthält, 1 ml 10%ige $FeCl_3$-Lösung, jeweils 1 ml A-Z-Lösung a und b nach Hoagland sowie 2,78 g $CaHPO_4 \cdot 2\ H_2O$, mit etwas Quarzsand im Mörser zerrieben). Nachdem die Gefäße befüllt waren, wurde eine Deckschicht aus 500 g Sand aufgebracht und ein Gesamtgewicht von 8,7 kg mit destilliertem Wasser eingestellt (entspricht 70 % der maximalen Wasserhaltekapzität. Zur Aussaat gelangten die Sorten ‚Consista' bei Spinat und ‚Rodos' im Falle von Radieschen. Nach Saataufgang wurde auf acht bzw. elf Pflanzen pro Mitscherlich-Gefäß verzogen.

Methyl-*tert.*-butylether besitzt folgende chemische Eigenschaften: Dichte – 0,7405 g/cm^3, Siedepunkt – +55 °C, Dampfdruck – 32,7 kPa (Rippen 1990), Wasserlöslichkeit – 50 g/l (Johnson 1987); Flammpunkt – -30 °C. Die weltweite jährliche Produktion beträgt zehn Millionen Tonnen, die an die Umwelt abgegebene Menge ca. 200000 t/a. Für die Applikation wurden drei Konzentrationen ausgewählt: 1, 100 und 500 mg MTBE/l. Es wurde nach zwei Varianten vorgegangen:

1. Gießen der MTBE-Lösung auf die Sandoberfläche, ohne die Pflanzen dabei zu benetzen, und
2. Besprühen des Blattapparates mittels Spezialzerstäuber.

Die Abdrift beim Sprühen mußte nicht berücksichtigt werden, da die zu behandelten Gefäße auf einer Waage standen. Die Gefäße blieben nach jeder Applikation für drei Stunden im Kalthaus, um ein zu schnelles Verdunsten des MTBE zu verhindern. Über zehn Tage verteilt, wurden je Mitscherlichgefäß 1000 ml Lösung der jeweiligen MTBE-Konzentration appliziert, so daß insgesamt 1, 100 bzw. 500 mg Methyl-*tert.*-butylether ausgebracht worden sind. 24 Stunden nach Abschluß der Applikation wurden die Versuchspflanzen geerntet. Zur Vermeidung einer unkontrollierten Verdunstung des MTBE aus dem Pflanzenmaterial wurden die Proben in einer Kühlzelle bei ca. 1 °C

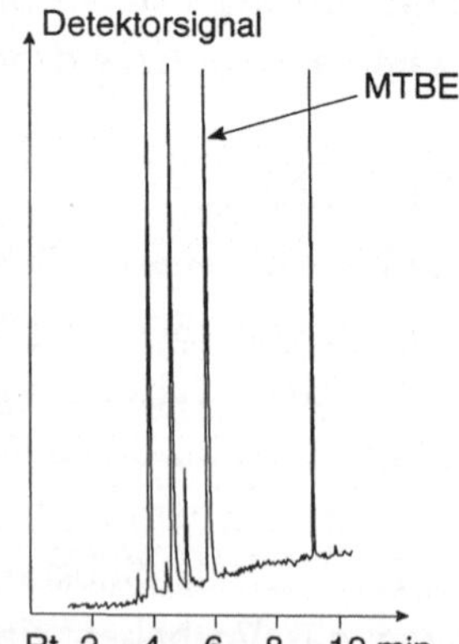

Abb. 1. Gaschromatogramm einer MTBE-Bestimmung im Radieschenkörper.

zunächst grob zerkleinert, anschließend mittels eines „Ultra-Turrax" bei 135000 U/min homogenisiert und dann bei -23 °C tiefgefroren. Die Proben wurden erst direkt vor der gaschromatographischen Bestimmung des MTBE-Gehaltes aufgetaut. Zusätzlich zu den Pflanzenproben nahm man aus der oberen Substratschicht (0 ... 7 cm) Proben von ca. 25 g, um ebenfalls MTBE-Rückstände zu bestimmen. Diese wurden entsprechend den Pflanzenproben in einer Kühltruhe gelagert. Ein für diese Untersuchungen typisches Gaschromatogramm enthält Abb. 1. Der MTBE-Peak erscheint unter den angewandten Parametern bei ca. 6 min.

Ergebnisse und Diskussion

Die Ergebnisse des Spinatversuches sind in Tab. 1 zusammengestellt. Folgendes ist zu sehen: In keiner der untersuchten Spinatblattproben sind merkliche MTBE-Rückstände aufgetreten, die Analysenwerte liegen an der unteren Nachweisgrenze der angewandte Bestimmungsmethode. Sowohl nach Aufsprühen der Substanz auf den Blattapparat als auch bei der Gießvariante bewegen sich die ermittelten Werte im Falle der unbehandelten Kontrolle und in allen drei Konzentrationsbereichen (1, 100, und 500 mg/l) unter 0,1 ppm. Die Spinatwurzeln wurden in die Untersuchungen nicht mit einbezogen. Die im Substrat ermittelten MTBE-Gehalte liegen unter 5,0 ppb, und zwar lediglich in der 500-mg/l-Variante bei Blattbehandlung sowie in der 100- und 500-mg/l- Variante bei Substratapplikation. Verantwortlich für die sehr geringen Werte ist offenbar die extreme Leichtflüchtigkeit der Substanz.

Tab. 1. MTBE-Gehalte in der Blattsubstanz (ppm) und im Substrat (ppb) in Abhängigkeit von der MTBE-Konzentration in der wäßrigen Applikationslösung und dem Applikationsweg über das Blatt oder das Substrat (Versuch mit Spinatpflanzen).

Applikationsweg	Probe	MTBE-Konzentration (mg/l)			
		0	1	100	500
Blatt	Blatt	<0,1	<0,1	<0,1	<0,1
	Substrat	<0,1	<0,1	<0,1	<5,0
Substrat	Blatt	<0,1	<0,1	<0,1	<0,1
	Substrat	<0,1	<0,1	<5,0	<5,0

Im Vergleich dazu sind die Unterschiede bei Betrachtung der Resultate des Radieschenversuches zu sehen (Abb. 2 und 3). Folgendes ist zu erkennen: Die Kontrollvariante, welche nur mit deionisiertem Wasser behandelt worden war, zeigt in allen Versuchen MTBE-Gehalte unter 0,1 ppm an. Identische Ergebnisse ergeben sich, wenn die niedrigste hier verwendete Konzentrationsstufe (1 mg/l) betrachtet wird. In allen drei Wiederholungen liegen die MTBE-Werte unter 0,1 ppm. 100 mg/l MTBE hingegen liefern Rückstände von 2,6 ... 6,8 ppm im Falle der Blattapplikation (durchschnittlich 4 ppm). Ein erheblicher Anstieg ist bei der

Applikation von 500 mg/l MTBE zu verzeichnen. Die ermittelten Resultate bewegen sich hier zwischen 20,2 und 27,8 ppm (Blattapplikation), der Durchschnittswert beträgt 25 ppm. Die Blätter der Radieschenpflanzen sind ebenfalls auf mögliche MTBE-Rückstände untersucht worden. Im Falle der 100-mg/l-Variante konnten weniger als 0,1 ppm nachgewiesen werden. Wandte man die fünffache Menge an, konnten 0,2 ppm nachgewiesen werden. Im Substrat konnte nur in der 500-mg/l-Variante MTBE bestimmt werden, allerdings lediglich 5 ppb.

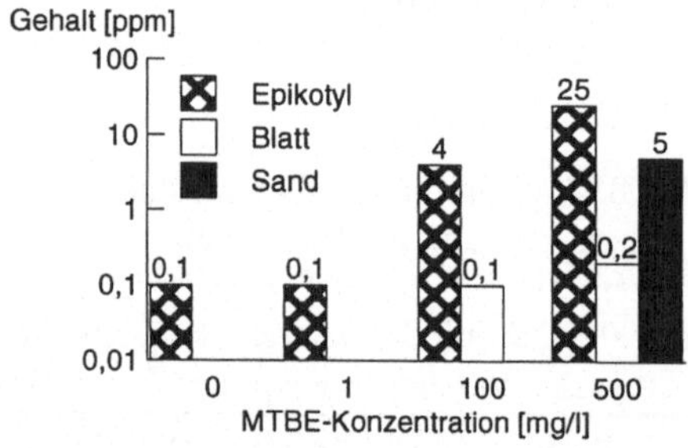

Abb. 2. Abhängigkeit des MTBE-Gehaltes im Radieschenkörper (Epikotyl), Blatt und Sand von der Aufwandmenge bei Blattapplikation.

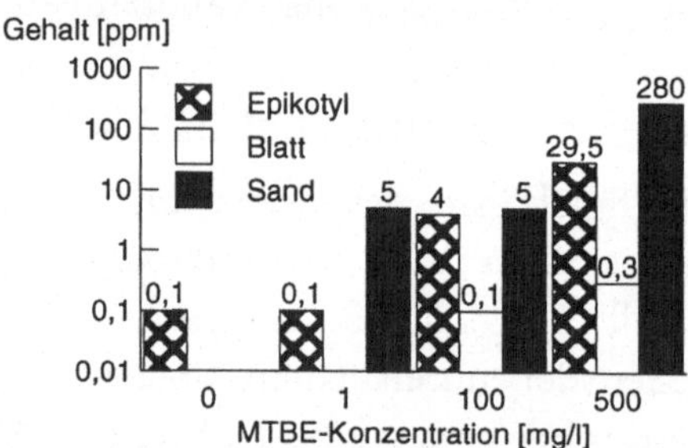

Abb. 3. Abhängigkeit des MTBE-Gehaltes im Radieschenkörper (Epikotyl), Blatt und Sand von der Aufwandmenge bei Sandapplikation.

Die ermittelten Resultate für die Substratapplikation sind in Abb. 3 dargestellt. Die Abbildung zeigt, daß die gefundenen MTBE-Werte bei der unbehandelten Kontrolle und der niedrigen Dosis von 1 mg/l in der Größenordnung von 0,1 ppm liegen. Die Ausbringung von 100 mg/l führt zu Werten von 4 ppm im Mittel der Wiederholungen, was identisch zur Blattapplikation ist. Steigert man die Aufwandmenge auf das Fünffache, so werden 29,5 ppm nachgewiesen. Die in den Radieschenblättern gefundenen MTBE-Gehalte betragen 0,1 bzw. 0,2 ppm, das heißt, die Werte sind offenbar nicht von der Applikationsart abhängig. Wie zu erwarten war, sind die im Substrat gefundenen MTBE-Gehalte bei der Sandapplikation höher als im Falle der Blatt-Sprühvariante. Bei Anwendung von 1 bzw. 100 mg/l werden 5 ppb, bei der höchsten Stufe von 500 mg/l 280 ppb nachgewiesen. Es liegt nahe, daß wahrscheinlich die extrem feine Verteilung der MTBE-Lösung im Falle der Aufsprühmethode eine sehr gleichmäßige Aufnahme über das Blatt ermöglicht, was bei der Gießvariante (und damit Aufnahme über die Wurzel) nicht der Fall ist. Andererseits ist die Verdunstungsmöglichkeit des Methyl-*tert.*-butylethers auch unter den verhältnismäßig niedrigen Temperaturen von 10 ... 12 °C im Kalthaus, bei welchen die behandelten Gefäße nach der Behandlung für drei Stunden verblieben, auf den Blattoberflächen wesentlich intensiver, wenn man den hohen Dampfdruck der Verbindung berücksichtigt.

In einem weiteren, zusätzlichen Versuch wurden die behandelten Radieschen nach der Ernte für zwei Tage bei Temperaturen von ca. 20 ... 23 °C gelagert und anschließend nach entsprechender Aufarbeitung ebenfalls mittels Gaschromatographie analysiert. Die Messungen ergaben, daß die MTBE-Werte im Radieschenkörper nach der Blatt-Sprühmethode <0,1 ppm und bei Applikation auf die Sandoberfläche 0,5 ppm erreichten, also letztendlich erheblich abgefallen waren.

Zusammenfassung

Brauchwässer der petrolchemischen Industrie, welche in der Größenordnung von 5 ... 80 mg Methyl-*tert.*-butylether pro Liter enthalten, sollten im Hinblick auf die Verwendung als Gießwasser für Gemüsefelder untersucht werden. Dafür wurden drei Standardlösungen mit 1, 100 und 500 mg MTBE/l angefertigt. Es wurden Modellversuche mit Spinatpflanzen sowie Radieschen angesetzt und nach zwei verschiedenen Methoden behandelt. Die Applikation von 1, 100 und 500 mg MTBE/l nach der Sprüh- und Gießmethode ergab bei Spinatpflanzen generell Werte unter 0,1 ppm in der Blattfrischsubstanz. Abweichende Resultate liefert der Radieschenversuch. Hierbei führt die geringe Konzentrationsstufe von 1 mg MTBE/l zwar auch zu Werten von <0,1 ppm, 100 mg/l bewirken aber (über das Blatt verabreicht) 2,6 ... 6,8 ppm und im Falle der Gießapplikation 2,1 ... 5,9 ppm. Appliziert man 500 mg MTBE/l nach beiden Varianten, so lassen sich 20,2 ... 27,8 ppm (Blattausbringung) bzw. 10,1 ... 44,3 ppm (Gießen) nach gaschromatographischer Bestimmung finden.

Offen bleibt die Frage, ob Methyl-*tert.*-butylether möglicherweise in assoziierter Form im Radieschen oder auch Spinatblatt auftritt oder sich Metabolite des MTBE gebildet und angereichert haben. Für diese weiterführenden Arbeiten sind Versuche mit ^{14}C-markiertem Methyl-*tert.*-butylether vorzusehen.

Literaturverzeichnis

RIPPEN, G., 1990: Handbuch der Umweltchemikalien, 7. Ergänzungslieferung. 8/90, 1–4

JOHNSON, G. V., 1987: Routine analysis of oxygenates and benzene in retail motor fuel. *Journal of Chromatographic Science* **25**, 65–70.

Rhizodeposition und Stoffverwertung.
10. Borkheider Seminar zur Ökophysiologie des Wurzelraumes.
Hrsg.: W. Merbach, L. Wittenmayer, J. Augustin. B. G. Teubner Stuttgart, Leipzig 2000, S. 42–48.

Vergleich der Kupfer-, Zink- und Cadmiumaufnahme durch Spinatwurzeln nach Applikation von Cu-, Zn- und Cd-Nitrat bzw. -Citrat in der Nährlösung

Holger Keller und Wilhelm Römer
Institut für Agrikulturchemie der Georg-August-Universität Göttingen, von-Siebold-Straße 6, D-37075 Göttingen

Abstract

The influence of citrate complexation on the Cu, Zn, and Cd uptake in spinach was investigated by growing spinach plants (cv. 'Monnopa') in nutrient solution, containing 0.5 µM Cu, 1 µM Zn and 0 µM Cd, for 20 days after pregermination and, were transfered to Cu, Zn or Cd nitrate solutions (0.5 µM Cu, 2.0 µM Zn, 0.5 µM Cd) at *p*H 5 ... 6 with or without addition of 10^{-4} M citrate to test. The change of element concentration in solutions within 24h was measured and the metal uptake rates per unit root length were calculated. It was observed that the depletion of Cu, Zn and Cd in the solutions without citrate during the first hour resulted in C_{Lmin} for Cu and Cd within four hours, and nine hours for Zn. Thus, only for Zn uptake rates of 7.2 ... 4.8×10^{-15} mol/(cm · s) could be calculated for the period between the first and sixth hours. In solutions with citrate, the depletion of Cu and Zn started after nine hours and the Zn uptake rate was similar to the uptake rate from Zn nitrate. No difference was observed in the Cd depletion in solutions with and without citrate.

The main reason for the differences in uptake of the these three elements may be the presence of varying parts of free and complexed metal species in the solutions. According to the complex stability constants by Martell and Smith (1977), in the metal citrate solutions 99 % of the Cu, 90 % of the Zn and only 36 % of the Cd ions were complexed with citrate. That means, a possible exudation of organic acids (e. g. citrate) has a large influence on metal distribution in the soil solution and consequences for their uptake.

Einleitung

Bei Weißlupine, aber auch Gelb- und Blauer Lupine erfolgt bei nicht ausreichender P-Ernährung eine gesteigerte Exsudation von Citrat, aber auch Malat in die Rhizosphäre (Neumann *et al.* 1999, Egle *et al.* 1999). Die Folge ist eine Phosphatmobilisierung und damit eine erhöhte P-Aufnahme dieser Pflanzen (GERKE *et al.* 1994, GEELHOED *et al.* 1999). Auch für Zuckerrübe und Spinat wurde eine zum Teil erhöhte Exsudation von Oxalat, Malat, Ketoglutarat, Succinat, Fumarat und der Monocarbonsäureanionen Lactat, Formiat und Acetat festgestellt (BEISSNER und RÖMER 1998, KELLER und RÖMER 1998). Durch Gemische dieser organischen Säuren wurde neben der Löslichkeit des Phosphates auch die Löslichkeit von Fe, Cu, Zn und Cd im Boden erhöht (KELLER und RÖMER 1998). Während für die erhöhte Löslichkeit von Fe und Cu die komplexierende Wirkung vor allem der Di- bzw. Tricarbonsäureanionen verantwortlich ist, haben bei Zn und Cd sowohl die organischen Anionen als auch die Protonen der applizierten Säuren eine beträchtliche Wirkung auf deren Löslichkeit gezeigt. Da jedoch unklar ist, ob die erhöhte Löslichkeit der Kationen auch zu einer erhöhten Aufnahme in die Pflanze führt, sollten Spinatpflanzen in Nährlösung angezogen werden und diesen dann Schwermetall-Lösungen in Form freier bzw. an Citrat komplexierter Kationen angeboten werden. Aus der zeitlichen Abnahme der Elementkonzentrationen in den Lösungen sollte auf die Aufnahmerate der Wurzeln für diese Metalle geschlossen werden.

Material und Methoden

Zunächst wurden Spinatpflanzen der Sorte ‚Monnopa' in Quarzsand für 14 Tage vorgekeimt und danach vier Pflanzen je Dreilitergefäß in Nährlösung unter Klimakammerbedingungen 20 Tage angezogen (Tag-Nacht-Rhythmus 12/12 h, Temperatur 20/15 °C, relative Luftfeuchtigkeit 70 %, PAR 240 $\mu E/(m^2 \cdot s)$). Die Nährlösung (ständig mit einem Luftstrom durchmischt) hatte folgende Zusammensetzung und wurde jeden zweiten Tag gewechselt: N als 2,5 mM $Ca(NO_3)_2 \cdot 4\ H_2O$, P als 6,5 µM $NaH_2PO_4 \cdot 2\ H_2O$, K als 1,5 mM KCl, Mg als 0,75 mM $MgSO_4 \cdot 7\ H_2O$, Fe als 80 µM FeNaEDTA/$FeSO_4 \cdot 7\ H_2O$, Mn als 5 µM $MnCl_2 \cdot 4\ H_2O$, Cu als 0,5mM $CuSO_4 \cdot 5\ H_2O$, Zn als 1 µM $ZnSO_4 \cdot 7\ H_2O$, Mo als 0,28 µM $(NH_4)_6Mo_7O_{24} \cdot 7\ H_2O$ und B als 30 µM H_3BO_3. Die P-Konzentration wurde bewußt relativ niedrig gehalten. Vier Tage vor Versuchsbeginn wurde in der Nährlösungszusammensetzung das FeNaEDTA-Salz durch $FeSO_4$ ersetzt, damit EDTA als Komplexbildner die Versuchsdurchführung nicht stört. In den Verarmungsversuchen wurden die Nährlösungen durch Schwermetallösungen (Cd 0,5 µM, Cu 0,5 µM oder Zn 2,0 µM als Nitratsalze bei *p*H von 5 ... 6) ersetzt. Für die Citratkomplex-Variante wurden den Lösungen 10^{-4} M Citronensäure zugesetzt, wobei die Ergebnisse von GERKE (1995) berücksichtigt wurden, der in der Bodenlösung von Lupine 0,2 ... 7,5 × 10^{-4} M Citrat gefunden hatte. Neben den genannten Verarmungslösungen wurden auch Citratlösungen ohne Metallzusatz verwendet, um die Elementdynamik an den Wurzeln nur durch Citrat verfolgen zu können. Nach dem Überführen der Wurzeln in die jeweiligen Metall-Nitrat- bzw. -Citratlösungen wurden nach 1, 2, 4, 6, 9, 12, 18 und 24 Stunden jeweils 10 ml aus den Lösungen entnommen und die Elementkonzentration mittels AAS bestimmt. Anschließend wurden die Pflanzen geerntet und die Wurzellängen mit der Schnittpunktmethode nach TENNANT (1975) bestimmt. Die Aufnahme- bzw. Abgaberate der Wurzeln ergibt sich aus der Änderung der Elementkonzentration und dem Volumen der Verarmungslösungen bezogen auf die Zeit und die Wurzellänge.

Ergebnisse und Diskussion

Die Abb. 1A, B und C zeigen die Veränderungen der in den Verarmungslösungen gemessenen Cu-, Zn- bzw. Cd-Konzentrationen über den Zeitraum von 24 Stunden. In den Varianten ohne Citrat nahmen die Elementkonzentrationen bei allen drei Elementen in der ersten Stunde sehr stark, dann etwas langsamer ab, so daß in der Folge bei Cu und Cd schon nach vier Stunden, bei Zn aber erst nach etwa 24 Stunden die C_{Lmin}-Werte (Nettoaufnahmerate = 0) erreicht wurden. Die rasche Entleerung deutet darauf hin, daß es in den ersten Stunden zwischen AFS (Zellwände) und Verarmungslösung zu einer Gleichgewichtseinstellung kam, wobei vermutlich ein größerer Teil der unkomplexierten Kationen an den Zellwänden adsorbiert wurde. Nach Erreichen dieses Gleichgewichtszustandes lassen sich aus der zeitlichen Abnahme der Elementkonzentrationen in den Lösung Aufnahmeraten der Wurzeln ermitteln. Wenn diese pro Zeiteinheit auf ähnlich hohem Niveau liegen, ist davon auszugehen, daß eine Aufnahme in den Symplasten erfolgt. Beim Element Zn war diese Bedingung erfüllt, denn es zeigte sich, daß die Aufnahmeraten zwischen der ersten und sechsten Stunde relativ konstant zwischen 7,2 und 4,8 $\times 10^{-15}$ mol/(cm · s) lagen. Danach sanken die Aufnahmeraten ab, da sich die Konzentration in der Verarmungslösung C_{Lmin} annäherten. Für die Cu- und Cd-Nitratvarianten lassen sich keine Aussagen über stabile Aufnahmeraten machen, da nach Gleichgewichtseinstellung die Konzentration der Verarmungslösung schon nahe C_{Lmin} lag. In weiteren Versuchen müßten höhere Konzentrationen angeboten werden.

Die Anwesenheit von 10^{-4} M Citrat veränderte die Entleerung der Verarmungslösungen bei Cu und Zn eindeutig (Abb. 1A, B) während beim Cd der Effekt sehr gering war (Abb. 1C). Beim Cu nahm die Konzentration nicht ab, sondern stieg bis zur sechsten Stunde sogar um ca. 20 ppb an, blieb bis zur neunten Stunde etwa konstant und sank dann erst ab. Auch beim Zn erfolgte die Einstellung des Gleichgewichtes zwischen Apoplasten und Lösung deutlich langsamer.

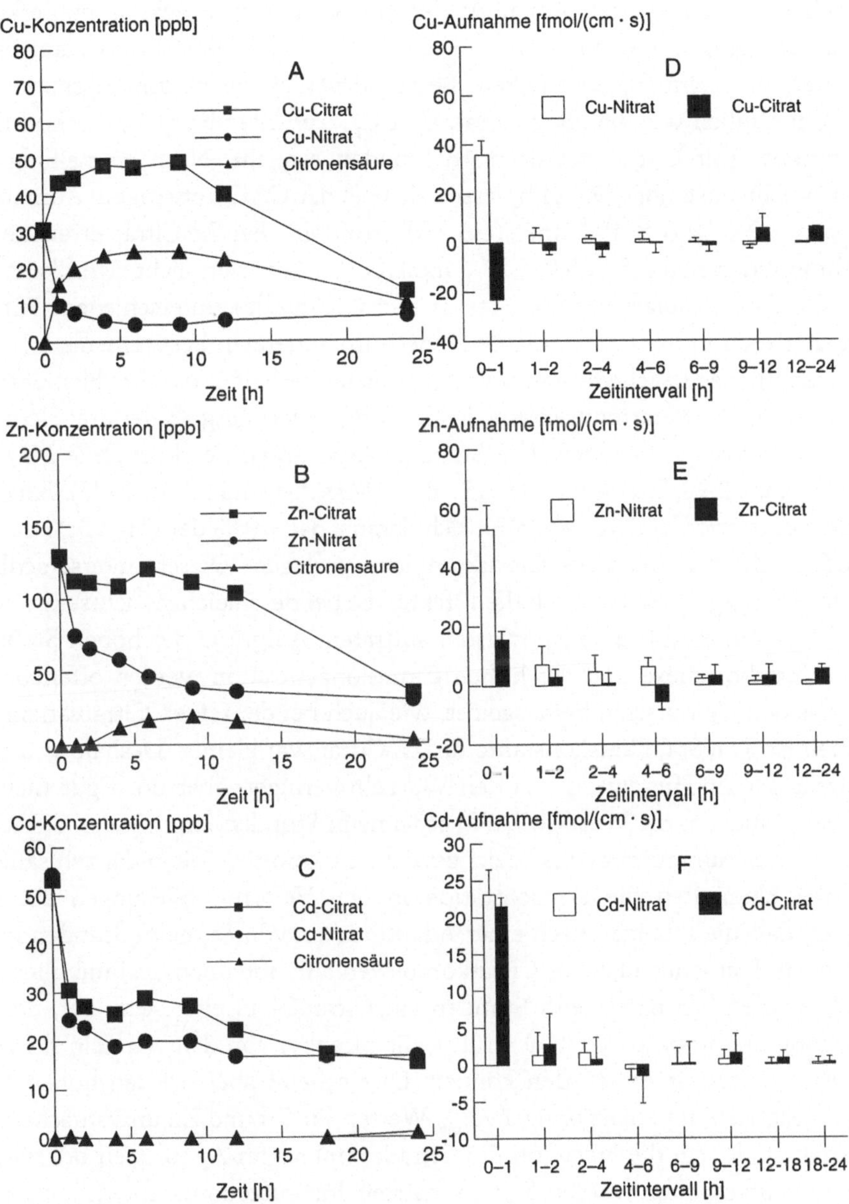

Abb. 1. Änderungen der Kupfer- (A), Zink- (B) und Cadmiumkonzentration (C) in der verwendeten Schwermetallnitrat-Verarmungslösung mit oder ohne 10^{-4} M Citratzusatz innerhalb von 24 Stunden sowie die Kupfer- (D), Zink- (E) und Cadmium- (F) -aufnahme- bzw. -abgaberaten im gleichen Zeitraum bei Spinatwurzeln; n = 4, Linien geben Standardabweichung an; fmol ≙ 10^{-15} mol.

Zunächst war eine geringe Abnahme der Konzentration um ca. 20 ppb erkennbar, die dann aber zwischen der ersten und neunten Stunde etwa konstant blieb, um später wie beim Cu abzusinken. Beim Cd verlief die Verarmungskurve mit Citrat sehr ähnlich wie die ohne Citrat, aber C_{Lmin} wurde ohne Citrat schon nach vier Stunden, mit Citrat erst nach 18 Stunden erreicht. Nach Einstellung des Gleichgewichtszustandes (9 - 24 h) lassen sich bei der Cu-Citratvariante Aufnahmeraten von 4,9 ... 4,0 × 10^{-15} mol/(cm · s) ermitteln. Bei Zn-Citrat erreichte die Aufnahme Raten von 2,5 ... 5,0 × 10^{-15} mol/(cm · s), die sich nicht signifikant von denen der Zn-Nitratvariante (zweite bis sechste Stunde) unterschieden. Für Cd ließen sich auch in der Citratvariante keine Aufnahmeraten bestimmen.

Als wesentliche Ursache für das unterschiedliche Verhalten der drei Elemente bei der Entleerung der Verarmungslösung ist im Komplexierungsgrad der drei Elemente mit den Citrationen zu sehen. Die Stabilitätskonstanten der Komplexe ML/M.L lauten für Cu^{2+} 5,90, Zn^{2+} 4,98 und Cd^{2+} 3,75 (Martell und Smith 1977). Bei einer Citratkonzentration von 10^{-4} M ergibt sich daraus, daß 99 % der Cu-, 90 % der Zn- und 36 % der Cd-Ionen als Citratkomplexe vorlagen. Dieser unterschiedliche Komplexierungsgrad erklärt auch die Effekte, die bei der Gleichgewichtseinstellung der Citratvarianten mit dem Apoplasten auftraten. Aufgrund der hohen Stabilität der Cu-Citratkomplexe und der hohen Citratkonzentration werden offenbar Cu-Ionen aus dem Apoplasten herausgelöst, wie auch bei der reinen Citratvariante zu erkennen ist. Die Stabilitätskonstante für Zn-Citrat war kleiner. Deshalb war auch der Effekt der Zn-Freisetzung aus den Wurzeln geringer, aber noch gut meßbar. Offenbar brauchten die Wurzeln (AFS) etwa neun Stunden, um mit der Citratkonzentration der Außenlösung ins Gleichgewicht zu kommen, denn danach sank bei allen drei Elementen die Konzentration in den Verarmungslösungen ab. Dies bedeutet, daß die Pflanzen nach einer Adaptionszeit von ca. neun Stunden in der Lage waren, Elemente auch aus Citratkomplexen aufzunehmen. Es muß allerdings geprüft werden, ob nach neun Stunden ein Citratabbau eingesetzt hat, der zur Freisetzung unkomplexierter Ionen führt, die offenbar von den Wurzeln rasch aus der Lösung entnommen werden können. Dies scheint aber bei den hohen Komplexierungsgraden und den geringen C_{Lmin}-Werten für Cu und Zn unwahrscheinlich. Weiterhin stellt sich die Frage, ob die Citratkomplexe im Apoplasten oder an der Membran aufgespalten werden und ob das freie Ion aufgenommen wird, oder sich Transportmechanismen ausbilden, die den Metall-Citratkomplex durch die Membran schleusen. Für EDTA-Komplexe scheint das nicht der Fall zu sein (Barber und Lee 1974, zitiert aus Marschner 1995, S. 10).

Schlußfolgerung

Zusammenfassend ergibt sich, daß sich der Komplexierungsgrad der Metallionen bei Anwesenheit von 10^{-4} M Citrat auf den ersten Schritt der Aufnahme (Gleichgewichtsprozesse im AFS) auswirkt. Nach Einstellung eines Gleichgewichtes ist es den Pflanzen möglich, Cu und Zn aus 0,5 µM Cu- bzw. 2,0 µM Zn-Citratlösungen aufnehmen. Beim Zn wurden dabei Aufnahmeraten erreicht (9 - 24 h) wie bei Zn-Nitrat-Applikation zwei bis sechs Stunden nach Applikationsbeginn. Infolge der relativ niedrigen Komplexierung des Cd durch Citrat (10^{-4} M) gab es keinen signifikanten Einfluß von Citrat auf die Cd-Aufnahme.

Nach entsprechenden Adaptionszeiten an eine bestimmte Citratkonzentration, die durchaus in Rhizosphärenbodenlösungen 10^{-3} M erreichen kann (GERKE *et al.* 1999), ist somit mit einer hohen Schwermetallkomplexierung, aber auch einer Metallionenaufnahme aus Citratkomplexen zu rechnen. Ob sie niedriger als bei freien Ionen ist, kann noch nicht eindeutig gesagt werden. Die Stabilität der Citratkonzentration (Abbau?) muß mit verfolgt werden.

Danksagung

Wir danken der DFG für ihre Förderung.

Literaturverzeichnis

BEISSNER, L.; RÖMER, W., 1998: Mobilization of phosphorus by root exudates of sugar beet. *16th World Congress of Soil Science, Montpellier, France; CD-ROM.*

EGLE, K.; RÖMER, W.; GERKE, J.; KELLER, H., 1999: The influence of phosphor nutrition on the organic acid exudation of the roots of three lupin species. *Proceedings of the 9th International Lupin Conference in Klink/Müritz, Germany.* [im Druck].

GERKE, J.; RÖMER, W.; JUNGK, A., 1994: The excretion of citric and malic acid by proteoid roots of *Lupinus albus* L. *Zeitschrift für Pflanzenernährung und Bodenkunde* **157**, 289-294.

GERKE, J., 1995: Chemische Prozesse der Nährstoffmobilisierung in der Rhizosphäre und ihre Bedeutung für der Übergang vom Boden in die Pflanze. Göttingen: Cuvillier-Verlag.

GERKE, J.; WESSEL, E.; EGLE, K.; RÖMER, W., 1999: Heavy metal aquisition by white lupin and yellow lupin. *Proceedings of the 9th International Lupin Conference in Klink/Müritz, Germany.* [im Druck].

GEELHOED, J. S.; VAN RIEMSDIJK, W. H.; FINDENEGG, G. R., 1999: Simulation of the effect of citrate exudation from roots on the plant availability of phosphate adsorbed on goethite. *European Journal of Soil Science* **50**, 379-390.

KELLER, H.; RÖMER, W., 1998: Ausscheidung organischer Säuren bei Spinat in Abhängigkeit von der P-Ernährung und deren Einfluß auf die Löslichkeit von Cu, Zn und Cd im Boden. *Pflanzenernährung, Wurzelleistung und Exsudation. 8. Borkheider Seminar zur Ökophysiologie des Wurzelraumes.* W. Merbach (Hrsg.) – Stuttgart, Leipzig: B. G. Teubner Verlagsgesellschaft, 187-195.

MARTELL, A. E.; SMITH, R. M., 1977: *Critical Stability Constants.* **3** – New York: Plenum Press, 163 S.

MARSCHNER, H., 1995: *Mineral Nutrition of Higher Plants.* – 2. Auflage. London: Academic Press.

NEUMANN, G.; MASSONNEAU, A.; MARTINOIA, E.; RÖMHELD, V., 1999: Physiological adaptions to phosphorus deficiency during proteoid root development in white lupin. *Planta* **208**, 373-382.

TENNANT, D., 1975: A test of a modified line intersect method of estimating root length. *Journal of Ecology* **63**, 995-1001.

Rhizodeposition und Stoffverwertung.
10. Borkheider Seminar zur Ökophysiologie des Wurzelraumes.
Hrsg.: W. Merbach, L. Wittenmayer, J. Augustin. B. G. Teubner Stuttgart, Leipzig 2000, S. 49–55.

Frühe physiologische Reaktionen zur NH_4^+-ausgelösten Toxizität – eine vergleichende Untersuchung zwischen *Zea mays* und *Oryza sativa*

Harald KOSEGARTEN und Glen WILSON
Institut für Pflanzenernährung der Justus-Liebig-Universität Gießen, Südanlage 6, D-35390 Gießen

Abstract

The effects of toxic NH_4^+ concentrations on apoplasmatic and vacuolar *p*H in hair cells of young maize and rice roots were investigated and it was observed that addition of 2 mM NH_4^+ at external *p*H of 5 caused a small apoplastic *p*H decrease (about 0.05 of a *p*H unit). This is in contrast to large *p*H decreases in the outer solution when plants are fed with ammonium. Ammonium application under these conditions led to a rapid vacuolar alkalisation, presumably due to NH_3 permeation into the vacuole. A permanent vacuolar *p*H increase of about 0.8 and 0.2 *p*H units was observed in maize and in rice respectively. From these results we conclude that in maize prolonged reduction of the tonoplast H^+ gradient may play an important role in ammonium toxicity. In rice, this reduction is still smaller as rice effectively restored raised vacuolar *p*H under conditions of increased NH_3 permeation into the vacuole (WILSON *et al.* 1998).

Einleitung

Bislang kann kein Mechanismus die Ammoniumtoxizität der Pflanze überzeugend und zweifelsfrei erklären (z. B. GERENDAS *et al.* 1997). Grundsätzlich tritt Toxizität dann auf, wenn eine Pflanze einer hohen Konzentration an Ammonium bzw. Ammoniak ausgesetzt ist. Sie ist besonders bei unkontollierter Aufnahme ausgeprägt, die dann zu einer Akkumulation von Ammonium im Gewebe führt (MEHRER und MOHR 1989). Dies ist aus vielen Nährlöungsexperimenten bekannt (BLOOM 1994). Es handelt sich aber durchaus nicht nur um eine künstlich herbeigeführte Störung in Nährlösungen, sondern auch um ein Phänomen, das zunehmend in Einzugsgebieten von intensiv geführten Viehhaltebetrieben auftritt (STEFFENS *et al.* 1998), in der Regel verursacht durch unsachgemäße Gülleausbringung, und auf Grenzstandorten, wie auf Alkaliböden, wo auf Grund hoher *p*H-Werte Ammoniak freigesetzt wird oder auf Standorten mit weitgehend gehemmter Nitrifikation. In elf verschiedenen Waldökosystemen wurde festgestellt, daß bei niedrigen Temperaturen und niedrigen *p*H-Werten Ammonium zur dominierenden N-Ernährungsform wird mit zum Teil toxisch hohen Konzentrationen und Nitrat zum Teil nur noch in Spuren in der Bodenlösung vorliegt (STARK und HART 1997). Eine Pflanze reagiert mit Toxizität bei Konzentrationen an $NH_4^+ \geq 1$ mM (BLOOM 1994); für NH_3 liegen die toxisch wirksamen Konzentrationen deutlich niedriger (WERNER und GREGOR 1995).

Auch besteht die Frage, ob zwischen NH_3- und NH_4^+-ausgelöster Toxizität zu unterscheiden ist. Nach WILSON *et al.* (1998) ist der permanente Abbau des Protonengradienten am Tonoplasten das primäre und zentrale Ereignis bei der NH_3-ausgelösten Toxizität. Es kommt zu einem permanenten Abbau des Protonengradienten, in dessen Gefolge mit einer Dekompartimentierung des intrazellulären Ionenmilieus zu rechnen ist. Auch bei hohen Konzentrationen an Ammonium und niedrigem *p*H in der Nährlösung kann die Toxizität sehr schwerwiegend sein (LANG und KAISER 1994) und wird mit der starken Versauerung der Rhizosphäre in Verbindung gebracht. Es wird angenommen, daß der steile Protonengradient am Plasmalemma zu einem massiven Protonenrückfluß in die Zelle führt und hier cytoplasmatische *p*H-Imbalanzen auslöst (YAN *et al.* 1992).

In der vorliegenden Arbeit werden Kurzzeitexperimente zum vakuolären und apoplastischen *p*H von jungen Wurzeln in Gegenwart von toxisch wirksamen NH_4^+-Konzentrationen bei *p*H 5 vorgestellt. Es wurden vergleichende Untersuchungen durchgeführt zwischen Reis, also einer gegenüber hohen Konzentrationen an Ammonium bzw. Ammoniak angepaßten Pflanze, und Mais, einer nicht angepaßten Pflanze.

Material und Methoden

Keimung und Anzucht

Samen von *Oryza sativa* L. und *Zea mays* L. wurden 24 h in belüfteter $CaSO_4$-Lösung (0,5 mM) vorgequollen. Die Keimung erfolgte für zwei bzw. vier Tage bei 22 °C im Dunkeln. Die Keimwurzeln wurden dann in folgender Nährlösung für zwölf Stunden kultiviert: 1 mM $CaCl_2$, 0,5 mM $MgSO_4$ und 1 mM K_2SO_4 (*p*H 5, ungepuffert).

Beladung der Keimwurzeln mit Fluoreszenzfarbstoffen

Zur *p*H-Messung des Wurzelapoplasten wurden die Wurzeln für 12 h in der Nährlösung mit 100 µM Fluoresceinboronsäure inkubiert. Die Beladung der Wurzeln zur vakuolären *p*H-Messung mit „Oregon Green" erfolgte wie von WILSON *et al.* (1998) beschrieben. Die Technik der *p*H-Messungen im Wurzelapoplasten und in der Vakuole von Wurzelhaarzellen ist detailiert in den Arbeiten von KOSEGARTEN *et al.* (1999) und WILSON *et al.* (1998) beschrieben. Die Beladung junger Wurzeln mit Fluoresceinboronsäure führt zu einer spezifischen Markierung des Apoplasten im äußeren Wurzelcortex (KOSEGARTEN *et al.* 1999), die von „Oregon Green" zu einer spezifischen Markierung der Wurzelhaarzellen (WILSON *et al.* 1998). Die vorliegenden Messungen wurden an definierten Segmenten intakter Wurzeln durchgeführt. Insofern basieren die dargestellten *p*H-Änderungen auf Durchschnittsmessungen von mehreren Hunderten von Zellen.

Ergebnisse

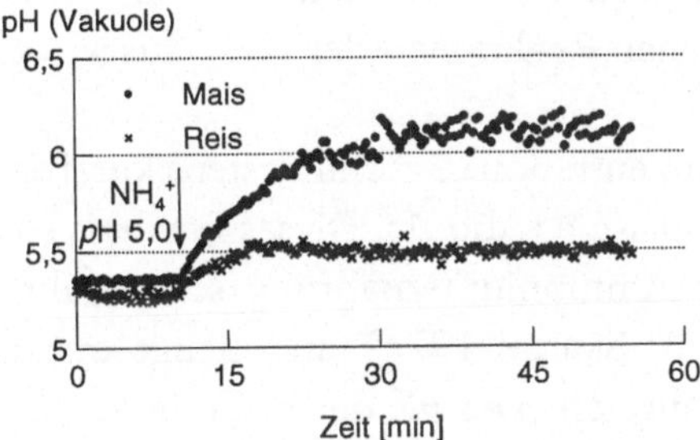

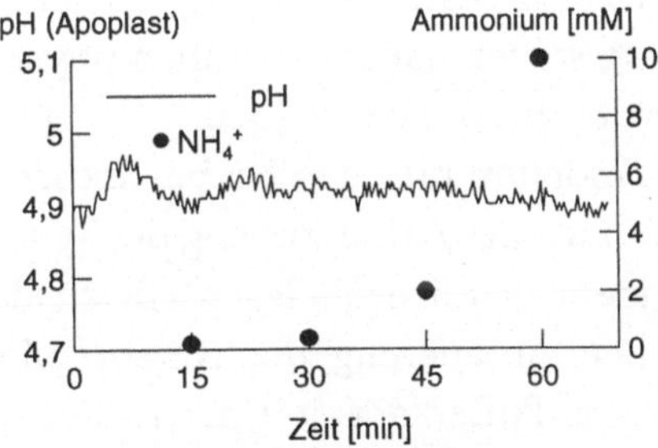

Abb. 1. Vakuoläre *p*H-Änderungen der Wurzelhaare von jungen Reis- (×) und Maiswurzeln (•) nach Zugabe von 1 mM $(NH_4)_2SO_4$ bei *p*H 5.

Abb. 2. Einfluß einer zunehmenden Konzentration an $(NH_4)_2SO_4$ bei *p*H 5 im Außenmedium auf den apoplastischen *p*H aus dem Bereich der Wurzelhaarzone von Mais.

Abbildung 1 zeigt die vakuolären *p*H-Änderungen von Reis und von Mais in Abhängigkeit von der Zugabe von Ammonium bei *p*H 5 in der Außenlösung. Vor der Zugabe von NH_4^+ lag der vakuoläre *p*H bei beiden Pflanzenarten etwa bei *p*H 5,3. Auf die Zugabe von 2 mM NH_4^+ erfolgte bei Mais in der Vakuole eine spontane, sehr ausgeprägte und permanente Alkalisierung von etwa 0,8 *p*H-Einheiten, während sich in der Vakuole von Reis nur ein geringfügiger *p*H-Anstieg von etwa 0,2 *p*H-Einheiten zeigte. Ein Beispiel zur apoplastischen *p*H-Änderung aus der Wurzelhaarzone bei Mais in Abhängigkeit einer steigenden äußeren Ammoniumkonzentration ist in Abb. 2 dargestellt. Selbst die Zugabe von Ammonium in toxisch hohen Konzentrationen (*p*H 5) führte nur zu einer geringfügigen Ansäuerung des Apoplasten (etwa 0,05 *p*H-Einheiten).

Diskussion

Die toxische Wirkung des Ammoniaks ist schon lange bekannt (Bennett *et al.* 1974) und könnte mit der Entkopplung des Protonengradienten am Tonoplasten zusammenhängen (Roberts und Pang 1992, Wilson *et al.* 1998). Eine direkte NH_3-Wirkung auf dem natürlichen Standort ist, abgesehen auf Grenzböden, wie den Alkaliböden oder von einer unmittelbaren Deposition von NH_3 in der Nähe von intensiv geführten Viehhaltebetrieben, wahrscheinlich nicht von großer Bedeutung. Ammonium in der Bodenlösung kann sich auf Grund des Filtereffektes auf Waldstandorten anreichern, insbesondere wenn die Nitrifikationsbedingungen (z. B. niedrige *p*H-Werte) nicht günstig sind und wirkt bei hohen Konzentrationen und niedrigen *p*H-Werten ebenfalls sehr toxisch (Lang und Kaiser 1994). Überhöhte Konzentrationen an Ammonium in der Bodenlösung könnten daher auf dem natürlichen Standort für die Toxizität von größerer Bedeutung sein. In diesem Beitrag sollten daher die frühen physiologischen Reaktionen der NH_4^+-ausgelösten Toxizität behandelt werden.

Ammonium führte selbst bei toxischen Konzentrationen zumindestens kurzfristig kaum zu einer Azidifizierung des Wurzelapoplasten (Abb. 1). Dieses Ergebnis steht in einem deutlichen Gegensatz zu der für Ammoniumernährung so charakteristischen Ansäuerung der Rhizosphäre (z. B. Smiley 1974) und hängt mit der enormen Pufferkapazität der Zellwand zusammen. Der *p*K der puffernden Gruppen in der Zellwand liegt etwa bei 5 (Sentenac und Grignon 1981). Bei einem Nährlösungs-*p*H um 5 liegen die *p*H-Werte an der Wurzeloberfläche und im Apoplasten ebenfalls um 5, und dramatische Änderungen des Außenlösungs-*p*H führen nur zu geringfügigen *p*H-Veränderungen im Wurzelapoplasten (Felle 1998, Kosegarten *et al.* 1999). Ein Anstieg des Außenlösungs-*p*H, beispielsweise von 5 auf 8,6 führt zu einem Anstieg des Apoplasten-*p*H um nur etwa 0,3 *p*H-Einheiten (Kosegarten *et al.* 1999). Ebenfalls ein dramatischer Abfall des äußeren *p*H, beispielsweise auf *p*H 3, wie er in Gegenwart toxisch hoher Ammoniumkonzentrationen auftreten kann, führt nur zu einer geringfügigen Versauerung des Wurzelapoplasten. Der Apoplasten-*p*H lag in Gegenwart von 5 mM NH_4^+ bei *p*H 3 in der Außenlösung etwa nur um 0,2 *p*H-Einheiten niedriger im Vergleich zu Kontrollwurzeln (*p*H 5 in der Außenlösung und ohne Ammoniumzufuhr; nicht gezeigt). Diese Ergebnisse bedeuten, daß bei Ammoniumernährung zumindestens nicht kurzfristig der Protonengradient am Plasmalemma sehr viel steiler wird. Langfristig, vorausgesetzt die Pufferkapazität der Zellwand wird erschöpft, könnte der *p*H im Apoplasten deutlich abfallen, dadurch ein passiver Protonenrückfluß entlang des elektrochemischen Gradienten zurück in das Cytoplasma einsetzen und dann hier zu einer *p*H-Absenkung führen (Yan *et al.* 1992). Die Zugabe von NH_4^+ bei einer Konzentration von 2 mM und *p*H 5 im Außenmedium führte ebenfalls kurzfristig in Wurzelhaarzellen zu keiner cytoplasmatischen *p*H-Änderung (Kosegarten *et al.* 1997). Die Aufnahme von NH_4^+ dürfte bei *p*H 7 im Cytoplasma zu einer Protonenfreisetzung führen; allerdings ist bei der toxisch wirksamen Konzentration von 2 mM NH_4^+ die Pufferkapazität des Cytoplasmas noch offensichtlich ausreichend, um *p*H-Änderungen abzupuffern. Mit steigender Konzentration an NH_4^+ im Außenmedium nimmt *via facilitated diffusion* die unkontrollierte Aufnahme von Ammonium in die Zelle zu (z. B. Wang *et al.* 1993) und führt hier dann zur Azidifizierung des Cytoplasmas, wie Carroll *et al.* (1994) durch Zugabe von 20 mM NH_4^+ nachweisen konnte.

Wesentlich sensitiver reagieren offensichtlich die vakuolären *p*H-Änderungen (Abb. 2). Die unkontrollierte Diffusion von NH_3 in das Gewebe führt bei Mais innerhalb von Sekunden zu einem permanenten Abbau des Protonengradienten am Tonoplasten um etwa 0,5 bis 0,8 *p*H-Einheiten, während bei Reis die Alkalisierung deutlich geringer ist und/oder wieder vollständig zurückreguliert wird (Wilson *et al.* 1998). Im Falle eines Überangebotes an NH_4^+ in der Bodenlösung könnte es auf Grund des hohen cytoplasmatischen *p*H-Wertes ebenfalls zu einer unkontrollierten Diffusion von NH_3 in die Vakuole und damit zu einem Abbau des H^+-Gradienten am Tonoplasten kommen. So führte bei Mais die Applikation von 2 mM NH_4^+ bei *p*H 5 ebenfalls zu einem permanenten Abbau des Protonengradienten von etwa 0,8 *p*H-Einheiten, während bei Reis der Abbau nur geringfügig war (Abb. 2). Diesen Abbau bei Mais deuten wir als zentrale frühe physiologische Reaktion, die die Entgleisung des Stoffwechsels einleitet und letztlich zur Ammonium- bzw. Ammoniaktoxizität führt (Wilson *et al.* 1998). So könnte ein erhöhter ATP-Verbrauch durch die Tonoplastenpumpen (um einen vollständigen Abbau des Protonengradienten zu vermeiden) zu ATP-Mangel bei Mais bei erhöhten NH_3-Influxraten (Gerendas *et al.* 1993) führen und damit den Stoffwechsel beeinträchtigen. Wesentlich einschneidender für die Entwicklung und das Wachstum der Pflanze dürfte allerdings die Dekompartimentierung von Ionen, insbesondere von Ca^{2+}, zwischen Cytoplasma und Vakuole sein. Verschiedene Arbeiten haben gezeigt, daß eine hohe vakuoläre Protonenkonzentration zur Aufnahme von Ca^{2+} in die Vakuole führt, und zwar über einen Ca^{2+}/H^+-Antiport (Barkla und Pantoja 1996, Gonzalez *et al.* 1999). Ein Abbau des Protonengradienten am Tonoplasten dürfte aus thermodynamischer Sicht sehr schnell zu einem Efflux von Ca^{2+} aus der Vakuole und damit zu einem Anstieg der Ca^{2+}-Konzentration im Cytosol führen. Der elektrochemische Ca^{2+}-Gradient zwischen beiden Kompartimenten ist bei positiver Aufladung der

Vakuole und hohen Ca-Konzentrationen in der Vakuole (mM-Bereich) sehr steil in Richtung Cytosol gerichtet. Diese Ca-Dekompartimentierung als Folge einer Entkopplung des Protonengradienten am Tonoplasten ist zur Zeit noch hypothetisch und muß noch experimentell überprüft werden. Bei Reis führt der geringfügige Abbau des H^+-Gradienten (Abb. 2) vermutlich noch nicht zu einem Ca^{2+}-Efflux. Bei hohen NH_3-Influxraten erfolgt auch bei Reis eine deutliche, aber nur transiente vakuoläre Alkalisierung, die dann durch effiziente H^+-Pumpen innerhalb von Minuten wieder auf das vakuoläre *p*H-Ausgangsniveau zurückreguliert wird (WILSON *et al.* 1998).

Danksagung

Die apoplastischen *p*H-Messungen konnten im Rahmen der finanziellen Unterstützung der DFG (Schwerpunktprogramm 717) durchgeführt werden. Dr. Esch danken wir für die Erstellung der Graphiken.

Literaturverzeichnis

BARKLA, B. J.; PANTOJA, O., 1996: Physiology of ion transport across the tonoplast of higher plants. *Annual Review of Plant Physiology Plant Molecular Biology* **47**, 159–184.

BENNETT, A. C., 1974: Toxic effects of aqueous ammonia, copper, zinc, lead, boron, and manganese on root growth. In: *The Plant Root and its Environment*. E. W. Carson (Hrsg.) – Charlottesville: University of Virginia, 197–217.

BLOOM, A. J., 1994: Crop acquisition of ammonium and nitrate. In: *Physiology and Determination of Crop Yield*. – Madison, WI: American Society of Agronomy, Crop Science Society of America, Soil Science Society of America, 303–309.

CARROLL, A. D.; FOX, G. G.; LAURIE, S.; PHILIPPS, R.; RATCLIFFE, R. G.; STEWART, G. R., 1994: Ammonium assimilation and the role of γ-aminobutyric acid in *p*H homeostasis in carrot cell suspensions. *Plant Physiology* **106**, 513–520.

FELLE, H. H., 1998: The apoplastic *p*H of the *Zea mays* root cortex as measured with *p*H-sensitive microelectrodes: aspects of regulation. *Journal Experimental Botany* **49**, 987–995.

GERENDAS, J.; RATCLIFFE, R. G.; SATTELMACHER, B., 1993: Relationship between intracellular *p*H and N metabolism in maize (*Zea mays* L.) roots. *Plant and Soil* **155/156**, 167–170.

GERENDAS, J.; ZHU, Z.; BENDIXEN, R.; RATCLIFFE, R. G.; SATTELMACHER, B., 1997: Physiological and biochemical processes related to ammonium toxicity in higher plants. *Zeitschrift Pflanzenernährung und Bodenkunde* **160**, 239–251.

GONZALEZ, A.; KOREN'KOV, V.; WAGNER, G. J., 1999: A comparison of Zn, Mn and Ca transport mechanisms in oat root tonoplast vesicles. *Physiologia Plantarum* **106**, 203-209.

KOSEGARTEN, H.; GROLIG, F.; ESCH, A.; GLÜSENKAMP, K. H.; MENGEL, K., 1999: Effects of NH_4^+, NO_3^- and HCO_3^- on apoplast *p*H in the outer cortex of root zones of maize as measured by fluorescence ratio of fluorescein boronic acid. *Planta* [im Druck].

KOSEGARTEN, H.; GROLIG, F.; WIENEKE, J.; WILSON, G.; HOFFMANN, B., 1997: Differential ammonia-elicited changes of cytosolic *p*H in root hair cells of rice and maize as monitored by 2',7'-bis-(2-carboxyethyl)-5 (and -6)-carboxyfluorescein fluorescence ratio. *Plant Physiology* **113**, 451-461.

LANG, B.; KAISER, W. M., 1994: Solute content and energy status of roots of barley plants cultivated at different *p*H on nitrate- or ammonium-nitrogen. *New Phytologist* **128**, 451-459.

MEHRER, I.; MOHR, H., 1989: Ammonium toxicity: description of the syndrome in *Sinapis alba* and the search for its causation. *Physiologia Plantarum* **77**, 545-554.

ROBERTS, J. K. M.; PANG, M. K. L., 1992: Estimation of ammonium ion distribution between cytoplasm and vacuole using nuclear magnetic resonance spectroscopy. *Plant Physiology* **100**, 1571-1574.

SENTENAC, H.; GRIGNON, C., 1981: A model for predicting ionic equilibrium concentrations in cell walls. *Plant Physiology* **68**, 415-419.

SMILEY, R. W., 1974: Rhizosphere *p*H as influenced by plants, soils and nitrogen fertilizers. *Soil Science Society of America Proceedings* **38**, 795-799.

STARK, J. M.; HART, S. C., 1997: High rates of nitrification and nitrate turnover in undisturbed coniferous forests. *Nature* **385**, 61-64.

STEFFENS, G.; MOHR, K.; LORENZ, F., 1998: Nitrogen deposition on forests and open land in regions with different livestock densities. *Poster Presentation at the FAO Congress in Rennes.*

WERNER, B.; GREGOR, H. D., 1995: Die Ableitung von Wirkungsschwellen (critical loads) für den Eintrag von Stickstoff in Waldökosysteme als Element von Emissionsänderungsstrategien. *UBA-Texte* **28**, 172-182.

WANG, M. Y.; SIDDIQI, M. Y.; RUTH, T. J.; GLASS, A. D. M., 1993: Ammonium uptake by rice roots. II. Kinetics of $^{13}NH_4^+$ influx across the plasmalemma. *Plant Physiology* **103**, 1259-1267.

WILSON, G. H.; GROLIG, F.; KOSEGARTEN, H., 1998: Differential *p*H restoration after ammonia-elicited vacuolar alkalisation in rice and maize root hairs as measured by fluorescence ratio. *Planta* **206**, 154-161.

YAN, F.; SCHUBERT, S., MENGEL, K., 1992: Effect of low root medium *p*H on net proton release, root respiration, and root growth of corn (*Zea mays* L.) and broad bean (*Vicia faba* L.). *Plant Physiology* **99**, 415-421.

Rhizodeposition und Stoffverwertung.
10. Borkheider Seminar zur Ökophysiologie des Wurzelraumes.
Hrsg.: W. Merbach, L. Wittenmayer, J. Augustin. B. G. Teubner Stuttgart, Leipzig 2000, S. 56-62.

Phosphoreffizienz verschiedener Sorten von *Phaseolus vulgaris* und *Sorghum bicolor* auf einem Alfisol im Hochland von Ost-Äthiopien

Christian RICHTER* und Yohannes ULORO‡
*Universität Gesamthochschule Kassel, Steinstraße 19, D-37213 Witzenhausen;
‡Alemaya University of Agriculture, Dire Dawa, Ethiopia.

Abstract

Phosphorus (P) deficiency in crops is a serious problem on an Alfisol in the Hararghe highlands in Eastern Ethiopia. Therefore, P efficiency of two Ethiopian varieties of bean (*Phaseolus vulgaris* L., var. 'Ayenew' and 'Roba 1') and of two *Sorghum bicolor* (L.) Moench varieties ('Long Mura' and 'Texas 76') was investigated under greenhouse conditions using a soil poor in available P (2 mg CAL-P/100 g). The influence of 0.2 g P/3 kg of soil on the plants was also tested. High P efficiency (high yield in spite of P deficiency in the soil) was observed for 'Ayenew' compared to 'Roba 1' and for the *Phaseolus* compared to the *Sorghum* varieties. Yield increased because the P application was less for 'Ayenew' than for 'Roba 1' and was less for beans than for sorghum as seen by differences in plant height, root length, root and shoot yield, also in P uptake into the roots, but not their transport into the shoots. In legumes, reasons for the higher P efficiency of 'Ayenew' compared to 'Roba 1' were the higher values for: nodule number and nodule dry weight per plant, nodule diameter, P content of the nodules per plant and P concentration in the nodule dry matter. Furthermore, the P concentration in the dry matter of the seeds was diminished in the order of 'Ayenew' → 'Roba 1' → 'Long Mura' → 'Texas 76' and, as the seed weight also decreased in the same order, the plants in this order had less P reserves, which can be important for the P supply via phloem in the seedling. The root hairs of 'Ayenew' (0.83 mm) were longer than those of 'Roba 1' (0.45 mm), and those of 'Roba 1' longer than that of sorghum ('Long Mura' 0.23 and 'Texas 76' 0.28 mm). As a consequence of long root hairs the plants were able to penetrate more into the soil and to get more of available P.

Einleitung

Die landwirtschaftlichen Böden im Hochland im Osten von Äthiopien sind nur wenig fruchtbar wegen vollständiger Entfernung der Pflanzenrückstände von

Sorghum nach der Ernte der Körner (der Stengel und Blätter zur Verfütterung an Vieh, zum Häuserbau und als Brennmaterial, selbst der Wurzeln als Brennmaterial) und ungenügendem Nährstoffersatz durch organische oder anorganische Düngemittel. Alfisole in dieser Region haben oft einen niedrigen *p*H (in 1 N KCl ≈5), einen geringen Gehalt an organischer Substanz (≈1,2 %) und an pflanzenverfügbarem P (≈4 ppm Olsen-P, MESFIN 1998). Sorghum und Mais zeigen auf den hier untersuchten Böden deutliche Mehrerträge nach N- und P-Düngung (ASFAW *et al.* 1998), jedoch können die Bauern dieser Gegend diese Düngemittel meist nicht kaufen. Da Stickstoff über die biologische N-Fixierung geliefert werden kann (in dieser Gegend vor allem durch *Phaseolus vulgaris* und *Arachis hypogaea*), ist P der Nährstoff, der am häufigsten im Mangel ist.

Belassen der Ernterückstände auf dem Feld führt auf diesen Böden zu Mehrerträgen von 6 ... 8 % (MESFIN 1998). Ein weiterer, eventuell noch wirkungsvollerer Weg zur Erhöhung der Erträge ist der Anbau von P-effizienten Pflanzenarten und -sorten, dies sind solche mit hoher P-Aufnahme und hohem P-Transport in die Sprosse (FÖHSE *et al.* 1988) bzw. einem hohen Ertrag trotz wenig pflanzenverfügbarem P im Boden (ABDOU 1989). Unterschiede zwischen äthiopischen Sorten in ihrer P-Effizienz konnten schon von TEKALIGN und RICHTER (1996) für *Cicer arietinum* und *Lens culinaris* und von TEKALIGN *et al.* (1996) für *Triticum durum* und *Eragrostis tef* aufgezeigt werden. Da auf den P-armen Böden im Hochland von Ost-Äthiopien *Sorghum bicolor* und *Phaseolus*-Bohnen die am meisten angebauten Kulturpflanzen sind, war es das Ziel dieser Arbeit, die P-Effizienz verschiedener Sorten dieser Pflanzenarten zu untersuchen, um zu sehen, welche Pflanzen auf diesen P-armen Böden ohne P-Düngung am besten wachsen können.

Material und Methoden

Die Versuche wurden im Gewächshaus der Feldversuchsstation der Universität von Alemaya in Äthiopien durchgeführt. Der Versuchsboden war typisch für die Region und stammte aus Hamaressa in der Nähe von Harar, Ost-Äthiopien, mit durchschnittlichem jährlichem Niederschlag von 827 mm, durchschnittlicher potentieller Evapotranspiration von 1227 mm (nach PENMAN 1948) und einer jährlichen Durchschnittstemperatur von 16,8 °C (AUA 1987, 1995). Es war ein sandig-toniger Lehm mit 32 % Ton, 9 % Schluff und 59 % Sand, einem *p*H (1 N KCl) von 5,1, einer EC (25 °C) von 0,32 dS/m , einem C_{org}-Gehalt von 2,2 % und einem Gehalt an P_t von 29,7 mg P/100 g luftttrockenem Boden. Der Boden enthielt wenig mit 1 N NH_4Ac bei *p*H 7 austauschbare Kationen ($cmol_c$/kg: 0,483 K^+, 0,015 Na^+, 4,57 Ca^{2+} und 0,94 Mg^{2+}), der Gehalt an pflanzenverfügbarem K und P nach

CAL (Schüller 1969) war ebenfalls gering: 5 mg K und 2 mg P je 100 g Boden (Grenzzahlen für optimales Pflanzenwachstum für viele Böden sind nach der CAL-Methode 10 mg K und 6 mg P).

Die Pflanzen wurden am 6. April 1999 in Gefäße mit 3 kg Boden gesät, sechs Samen pro Gefäß, die später auf fünf Pflanzen pro Gefäß vereinzelt wurden. Die Pflanzen hatten zwölf Stunden Licht und zwölf Stunden Dunkelheit, 29 °C am Tag und 19 °C in der Nacht. Der Versuch bestand aus randomisierten Blöcken (vier Wiederholungen). Die verwendeten Pflanzen sind auf dem Weg, an die Bauern der Gegend gegeben zu werden: a) *Phaseolus vulgaris*, ‚Ayenew' (GLP × 92), TKG 487 g, b) *Phaseolus vulgaris*, ‚Roba 1', TKG 194 g, c) *Sorghum bicolor*, ‚Long Mura', mit vielfältigem Nutzen für die Bauern: Blätter zur Viehfütterung, Stengel (bis 3 m hoch) zum Häuserbau und als Feuermaterial zum Essenkochen, TKG 38 g, b) *Sorghum bicolor*, ‚Texas 76', frühreifende Tieflandsorte, zwar mit hohem Kornertrag, aber nur 1 m hoch werdend und daher ohne die von den Bauern geschätzten Nebeneffekte der ‚Long Mura' (Verfütterung, Häuserbau, Brennmaterial), TKG 28 g. Die Hälfte der Gefäße wurde nicht gedüngt, die andere Hälfte erhielt 1 g Tripelphosphat (46 % P_2O_5/Gefäß), entsprechend 0,067 g P/kg Boden. 42 Tage nach Aussaat wurden die Pflanzen geerntet und in Wurzeln, Sprosse, Früchte und Knöllchen (bei den Leguminosen) getrennt.

Die Länge von Wurzeln und Sprossen sowie Anzahl und Durchmesser der Knöllchen wurden gemessen. Die Pflanzen wurden bei 70 °C getrocknet, gewogen, <1 mm gemahlen, bei 550 °C verascht und P in der Asche nach Auflösung in konz. HCl spektralphotometrisch nach Anfärbung mit Ammoniummolybdat-Vanadat gemessen. Die Ergebnisse wurden mit dem SAS-Programm statistisch verrechnet.

In einem zusätzlichen Versuch wurde die Länge der Wurzelhaare gemessen, dazu wuchsen vier Samen jeder Sorte fünf Tage zwischen feuchtem Filterpapier. Die Wurzelhaarlänge wurde unter dem Mikroskop bei 20facher Vergrößerung gemessen, und es wurde die Standardabweichung ermittelt.

Ergebnisse und Diskussion

19 Tage nach Aussaat erschienen die ersten P-Mangelsymptome bei allen Sorghumsorten (Wachstumsdepressionen) und bei ‚Roba 1' (dunkle ältere Blätter), dagegen waren alle ‚Ayenew'-Pflanzen gesund und zeigten keine Unterschiede zwischen den Behandlungen ohne und mit P: Dies war ein erstes Zeichen einer höheren P-Effizienz dieser Sorte. Die Pflanzenhöhe wurde bei der Bohne ‚Ayenew' durch P-Düngung nicht beeinflußt, bei ‚Roba 1' etwas (36,5 %) und bei den beiden Sor-

ghumsorten enorm gefördert (‚Long Mura‘: 75 %, ‚Texas 76‘: 135 %). Bezüglich des Wurzelgewichtes zeigte sich wiederum kein Düngungseinfluß bei ‚Ayenew‘, ein geringer bei ‚Roba 1‘ und eine starke Beeinflussung bei den beiden Sorghumsorten. Beide Sorghumsorten zeigten nur geringes Wurzelwachstum, falls nicht genug P in der Bodenlösung enthalten war. Ohne P-Düngung hatte ‚Ayenew‘ die höchste P-Konzentration in den Wurzeln (0,834 mg P/g TM), verglichen mit ‚Roba 1‘ (0,779) und vor allem mit den beiden Sorghumsorten (‚Long Mura‘: 0,278 und ‚Texas 76‘: 0,214 mg P/g TM).

Bezüglich des Sproßtrockenmasse (Tab. 1) zeigte ‚Ayenew‘ die geringste Ertragserhöhung durch die P-Düngung, dies war die Sorte mit der höchsten P-Effizienz, denn sie hatte schon einen hohen Ertrag ohne P-Düngung, gefolgt von ‚Roba 1‘ und den beiden Sorghumsorten, die letzteren waren sehr P-ineffizient. Der P-Transport in die Sprosse war hingegen kein Kriterium für eine hohe P-Effizienz.

Tab. 1. Sproßtrockenmasse von jeweils fünf Pflanzen und P-Konzentration sechs Wochen alter Pflanzen von *Phaseolus vulgaris* (Sorten ‚Ayenew‘ und ‚Robra‘) sowie *Sorghum bicolor* (Sorten ‚Long Mura‘ und ‚Texas‘) ohne (-P) und mit P-Düngung (+P); n = 4. GD für P ≤ 0,05.

	Sorte	P-Düngung			Anstieg [%]
		-P	+P	GD	
Sproßtrokkenmasse von fünf Pflanzen [g]	‚Ayenew‘	7,84	8,92	0,85	14
	‚Roba‘	1,75	4,75	0,63	171
	‚Long Mura‘	0,8	6,59	2,84	720
	‚Texas‘	0,41	3,41	0,68	724
P-Konzentration [mg/g TM]	‚Ayenew‘	0,68	1,75	0,18	156
	‚Roby‘	0,9	2,37	0,35	164
	‚Long Mura‘	0,58	1,69	0,35	189
	‚Texas‘	0,64	1,58	0,99	145

Der Samenertrag der Sorte ‚Ayenew‘ (die anderen Sorten hatten zu dieser Erntezeit noch keine Früchte) konnte durch P-Düngung um 68 % erhöht werden. Die P-Konzentration in den Früchten stieg durch die P-Düngung nur um 35 %, in den Wurzeln dagegen um 83 % und in den Sprossen um 156 %. Die Früchte als Regenerationsorgane wurden also bei P-Mangel gegenüber Wurzeln und vor allem Sprossen in der P-Versorgung deutlich bevorzugt. Mögliche Gründe für die beobachtete höhere P-Effizienz von Bohnen im Vergleich zu Sorghum und von ‚Ayenew' im Vergleich zu ‚Roba 1':

Knöllchen

Pflanzenarten und -sorten unterscheiden sich bezüglich der Symbiose mit N-bindenden Bakterien: Eine hohe Leistung der N-Bindung kann zu mehr H^+-Abscheidung und zu höherer P-Aufnahme führen (Römheld 1986). In den hier beschriebenen Versuchen führte P-Düngung bei ‚Roba 1' mehr als bei ‚Ayenew' zu Erhöhung der Knöllchenzahl pro Pflanze (‚Roba 1': von 3,5 auf 13, ‚Ayenew': von 9,3 auf 12), des Knöllchendurchmessers (‚Roba 1': von 1,59 auf 1,75, ‚Ayenew': von 2,28 auf 2,31 mm), des Knöllchentrockenmasse pro Pflanze (‚Roba 1': von 3,9 auf 23,4, ‚Ayenew': von 28 auf 45 mg), des P-Gehaltes der Knöllchen pro Pflanze (‚Roba 1': von 0,015 auf 0,333, ‚Ayenew': von 0,25 auf 0,6 mg P) und der P-Konzentration in der Knöllchentrockenmasse (‚Roba 1': von 0,84 auf 2,69, ‚Ayenew': von 1,79 auf 2,62 mg P/g TM). All diese Merkmale waren also bei ‚Ayenew' auch ohne P-Düngung schon sehr gut, meistens wesentlich besser ausgebildet als bei ‚Roba 1'. Dies sind entscheidende Gründe für die höhere P-Effizienz von ‚Ayenew'.

P-Gehalt der Samen

Etwas unterschiedliche P-Gehalte der Samen (‚Ayenew': 3,9, ‚Roba 1': 3,4, ‚Long Mura': 3,07, ‚Texas 76': 3,05 mg/g TM), wegen des unterschiedlichen Tausendkorngewichtes, aber enorm unterschiedlicher P-Menge je Samenkorn (‚Ayenew': 1,89, ‚Roba 1': 0,66, ‚Long Mura': 0,12, ‚Texas 76': 0,09 mg) bedingen stark unterschiedliche P-Vorräte für die junge Pflanze aus dem Samenkorn. Bei Aussaatmengen in der praktischen Landwirtschaft entsprechen diese Werte 581 g P bei 150 kg Bohnen ‚Ayenew'-Aussaat/ha, verglichen mit 30 g P bei 10 kg Sorghum ‚Texas-76'-Aussaat/ha; diese P-Mengen erscheinen, verglichen mit dem tatsächlichen P-Entzug/10 dt Körner von ≈7,6 kg P/ha für Bohnen und ≈4,3 kg P/ha für Sorghum (Ruhr-Stickstoff 1980) gering. Trotzdem kann diese P-Menge aus dem Samen für die P-Versorgung der noch ganz jungen Pflanze sicherlich beträchtlich beitragen, vgl. Riley *et al.* (1993).

Wurzelhaarlänge

Eine unterschiedlich hohe P-Effizienz kann durch unterschiedlich lange Wurzelhaare bedingt sein (Föhse *et al.* 1988). In den hier beschriebenen Versuchen waren die Wurzelhaare aller Pflanzen bei P-Mangel länger als bei guter P-Versorgung. ‚Ayenew' hatte die längsten Wurzelhaare (Werte in mm für ohne bzw. mit P-

Düngung ± Standardabweichung): 0,85 ± 0,11 bzw. 0,7 ± 0,05 mm, gefolgt von ‚Roba 1‘: 0,45 ± 0,06 bzw. 0,38 ± 0,09 mm und Sorghum: ‚Long Mura‘: 0,23 ± 0,05 bzw. 0,2 ± 0,02 mm, ‚Texas 76‘: 0,28 ± 0,04 bzw. 0,2 ± 0,03 mm. Wahrscheinlich war die Wurzelhaarlänge eine wichtige Ursache der unterschiedlichen P-Effizienz der hier untersuchten Pflanzen.

Andere mögliche Ursachen einer hohen P-Effizienz

Nach AMANN und AMBERGER (1989) kann ein hohes Wurzel/Sproß-Verhältnis Grund einer hohen P-Effizienz sein. Dies konnte in den hier beschriebenen Versuchen nicht gefunden werden. Jedoch wurde das Wurzel/Sproß-Verhältnis durch P-Düngung bei allen Pflanzen gesenkt (‚Ayenew‘: von 0,42 auf 0,36, bei ‚Roba 1‘ von 1,05 auf 0,53, bei ‚Long Mura‘ von 0,49 auf 0,38 und bei ‚Texas 76‘ von 0,77 auf 0,53). In anderen Untersuchungen wurden weitere Ursachen unterschiedlicher P-Effizienz beschrieben, so z. B. die Abgabe von Citronensäure von *Lupinus albus* (HORST und WASCHKIES 1987), und von Piscidiasäure durch *Cajanus cajan* (AE *et al.* 1990). Jedoch scheinen nicht alle Leguminosen sehr fähig zu sein, organische Säuren auszuscheiden, so ist *Vigna unguiculata* im Vergleich zu *Arachis hypogaea* nicht sehr P-effizient (BÜRKERT 1999, pers. Mitteilung).

Andere, hier nicht untersuchte Gründe für eine hohe P-Effizienz sind auch die Abgabe von Enzymen (Phosphatasen, Phytasen) zur Nutzung von organischem P (AMANN und AMBERGER 1989) oder eine Symbiose mit Mykorrhiza (LI *et al.* 1991, MARSCHNER 1995).

Literaturverzeichnis

AE, N.; ARIHARA, J.; OKADA, K.; YOSHIHARA, T.; JOHNSEN, C., 1990: Phosphorus uptake by pigeon pea and its role in cropping systems of the Indian subcontinent. *Science* 248, 477–480.

AMANN, C.; AMBERGER, A., 1989: Phosphorus efficiency of buckwheat (*Fagopyrum esculentum*). *Zeitschrift für Pflanzenernährung und Bodenkunde* **152**, 181-189.

ABDOU, M., 1989: *Genotypische Unterschiede in der Phosphateffizienz bei Sommerweizen.* Diss. Univ. Stuttgart - Hohenheim.

Alemaya University of Agriculture (AUA), 1987: Weather report for 1960 - 1987. Farming systems research, Alemaya, Ethiopia.

Alemaya University of Agriculture (AUA), 1995: Weather station report for 1988 - 1990 and 1991 - 1995. Alemaya, Ethiopia.

ASWAF BELAY; HELUF GEBREKIDAN; YOHANNES ULORO; EYLACHEW ZEWDIE, 1997: Effect of crop residues on grain yield response of sorghum (*Sorghum bicolor* L.) to application of N and P fertilizer. *Nutrient Cycling in Agroecosystems* **48**, 191-196.

FÖHSE, D.; CLAASSEN, N.; JUNGK, A., 1988: Phosphorus efficiency of plants. *Plant and Soil* **110**, 101–109.

HORST, W.; WASCHKIES, C., 1987: Phosphatversorgung von Sommerweizen (*Triticum aestivum* L.) in Mischkultur mit Weißer Lupine (*Lupinus albus* L.). *Zeitschrift für Pflanzenernährung Bodenkunde* **150**, 1–8.

LI, X. L.; GEORGE, E.; MARSCHNER, H., 1991: Phosphorus depletion and *p*H decrease at the root-soil and hyphae-soil interfaces of VA mycorrhizal white clover fertilized with ammonium. *New Phytologist* **119**, 397–404.

MARSCHNER, H., 1995: *Mineral Nutrition of Higher Plants.* — 2. Auflage. London: Academic Press.

MESFIN ABEBE, 1998: *Nature and Management of Ethiopian Soils.* Alemaya University of Agriculture, Ethiopia (Hrsg.). 272 S.

PENMAN, H. L., 1948: Natural evaporation from open water, bare soil and grass. *Proceedings of the Royal Society* **193**, 120–145.

RILEY, M. M.; ADCOCK, K. G.; BOLLAND, M. D. A., 1993: A small increase in the concentration of phosphorus in the sown seed increased the early growth of wheat. *Journal of Plant Nutrition* **16**, 851–864.

RÖMHELD, V., 1986: *p*H-Veränderungen in der Rhizosphäre verschiedener Kulturpflanzenarten in Abhängigkeit vom Nährstoffangebot. *Kali-Briefe* (Büntehof) **18**, 13–30.

RUHR-STICKSTOFF, 1980: *Faustzahlen für die Landwirtschaft.* — 9. Auflage, Frankfurt/Main: DLG-Verlag.

SCHÜLLER, H., 1969: Die CAL-Methode, eine neue Methode zur Bestimmung des pflanzenverfügbaren Phosphors im Boden. *Zeitschrift für Pflanzenernährung und Bodenkunde* **123**, 48–63.

TEKALIGN MAMO; RICHTER, C., 1996: Chickpea and lentil varietal responses to phosphorus supply. *Der Tropenlandwirt (Journal of Agriculture in the Tropics and Subtropics)* **97**, 17–28.

TEKALIGN MAMO; RICHTER, C.; Hoppenstedt, A., 1996: Phosphorus response studies on some varieties of durum wheat (*Triticum durum* Desf.) and tef (*Eragrostis tef* (Zucc.) Trotter) grown in sand culture. *Journal of Agronomy and Crop Science* **176**, 189–197.

3

Sproß-Wurzel-Relationen

Rhizodeposition und Stoffverwertung.
10. Borkheider Seminar zur Ökophysiologie des Wurzelraumes.
Hrsg.: W. Merbach, L. Wittenmayer, J. Augustin. B. G. Teubner Stuttgart, Leipzig 2000, S. 65-71.

Kahlschlagbedingte Veränderungen im Wurzelraum eines Buchenniederwaldes auf Rendzina

Janina POLOMSKI und Nino KUHN
Eidgenössische Forschungsanstalt für Wald, Schnee und Landschaft, CH-8903 Birmensdorf

Abstract

Beech regeneration, vegetation cover, and development of beech fine roots have been studied in a beech forest on rendzina located 650 m a. s. in the Swiss Jura (Basel-Land) on a clearcut stand of 19 a. Selected observations like beech root vitality and contents of soil water and soil elements in stand compared to the cleartcut area are presented in this paper. After one year of tree removal, soil water contents on the clearcut area were significantly higher as compared to the stand.

However, during the following summer water content in stand increased because of high precipitation, whereas, decreased on clearcut area because of development of vigorous herb layer. Nevertheless, the water contents on the clearcut area were still significantly higher. Contents of exchangable soil elements like Mg and Ca were significantly higher on clearcut area when compared to the stand. The fine root density (<1 mm ⌀) varied between 485 and 1146 mg per 100 ml soil. These values are high compared to more favourable soils. Vitality of beech fine roots was determined by TTC-test and was compared in stand and on the clearcut area. Fine root vitality from the cut trees decreased to the level of necromass one year after tree cutting. A slight regeneration of beech fine roots on the clearcut area was observed during the following vegetation period, nevertheless, the root vitality on clearcut area were still significantly lower.

Einleitung

Waldbestände, die ehemals im Niederwaldbetrieb genutzt wurden, kommen heute noch an Steilhängen von Berglandschaften Mittel- und Westeuropas vor, wo sie oft das Landschaftsbild prägen (ELLENBERG 1986). Diese Hangwälder werden heutzutage vermehrt in Natur- und Landschaftsschutzkonzepte einbezogen. Die infolge der Kahlhiebe entstehenden Schlagflächen zeichnen sich durch radikal veränderte ökologische Bedingungen aus, die der Arten- und Strukturvielfalt (Biodiversität) förderlich sind (HOCHHARDT 1996). Allerdings sind für Niederwaldbetrieb nur solche Baumarten geeignet, die nach Entfernung des Hauptsprosses vegetative Regenerate bilden können: Schößlinge aus kambiumbürtigem Wundgewebe an den Stümpfen abgeschlagener Bäume (Stockausschlag) oder auch Wurzelsprosse (Wurzelbrut) (Becker 1979). Rotbuche ist, neben Ahorn, Linde, Erle, Esche, Weide und anderen Laubgehölzern, mit dieser Eigenschaft auf gewissen Standorten eine bekannte Baumart.

Über die Entwicklung der Stockausschläge, die Verjüngung der Rotbuche im Niederwald, aber auch über das Verhalten der Kraut- und Strauchschichten ist wenig bekannt. Noch lückenhafter sind die Kenntnisse über die kahlschlagbedingten Veränderungen im Boden- und Wurzelraum. Diese Kenntnislücken zu füllen ist das Ziel eines im Schweizer Jura gestarteten Projektes „Niederwald Rothenfluh".

In der vorliegenden Arbeit, die lediglich einen kleinen Teil des Gesamtprojektes darstellt, werden an einigen Beispielen Veränderungen im Boden- und Wurzelraum präsentiert.

Methoden

Untersuchungsort

Nach Kahlschlag im Winter 1998 wurde die 19 Ar große Versuchsfläche abgegrenzt. Sie befindet sich im Baselbieter Tafeljura (Kanton Basel-Land), 650 m ü. M., an einem 60 % steilen, westexponierten Hang. Die Waldgesellschaft ist der typische Seggen-Buchenwald (*Carici-Fagetum*).

Der Boden ist eine Rendzina, die Humusform ein Mull mit stellenweisem Übergang zu Moder. Da der Oberboden beinahe vollständig mit Feinwurzeln besetzt ist, kann die Humusform nach Green *et al.* (1993) als Rhizomull bezeichnet werden. Der Hauptwurzelraum reicht bis in eine Tiefe von 30 cm.

Untersuchungsanordnung

Abbildung 1 zeigt die Untersuchunganordnung der gesamten Versuchsfläche. Die hier folgenden methodischen Angaben betreffen lediglich die Ermittlungen von Wurzelaktivität und Bodenparametern entlang den Transekten sowie die quantitativen Erhebungen der Feinwurzeldichte in Bodenblocks (Kreise 3 und 4).

Transekte

Entlang eines Nord-Süd-Transektes (hangparallel) und eines Ost-West-Transektes (in Fallrichtung) wurden im Abstand zwischen 6 und 8 m auf der Schlagfläche (an 10 Punkten) sowie im Bestand (an fünf Punkten) Boden- und Feinwurzelproben in

Dezember 1998, April 1999 und Juli 1999 entnommen. Weitere Termine sind vorgesehen. Die Vitalität der Buchenfeinwurzeln wurde im Labor ermittelt. An den Bodenproben wurden Wasser- und Elementgehalte gemessen.

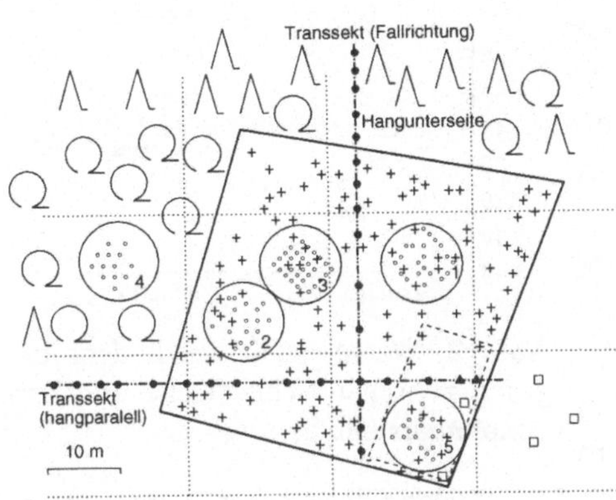

Abb. 1. Untersuchungsanordnung auf der Schlagfläche des Buchenniederwaldes. Punkte und Dreiecke an den Transekten sind Probeentnahmestellen für Boden- und Feinwurzeln. Bodenblocks für die quantitative Erhebung der Feinwurzeldiche wurden in den Kreisen 3 (Schlagfläche) und 4 (Bestand) entnommen. Die übrigen Kreise und Quadrate werden hier lediglich der Vollständigkeit halber dargestellt.

Bodenblocks

Wegen des sehr hohen Skelettanteils im Boden sind die konventionellen Methoden für Boden- und Wurzelprobenahme mittels Bohrzylinder nicht anwendbar. Deswegen wurden mittels einer Diamantkreissäge auf der Schlagfläche und im Bestand je drei Bodenblocks (ca. 20 × 20 × 15 cm) herausgeschnitten. Im Vorversuch wurden in zwei Bodenblocks Gesamt- sowie Feinwurzeldichte als Trockenmasse pro Bodenvolumen ermittelt.

Laboranalysen

Boden

Elementgehalte des Bodens wurden in NH_4Cl-Extrakten mittels ICP bestimmt. Die Wassergehalte im Boden wurden gravimetrisch erfaßt.

Wurzeln

Die Bewurzelungsdichte für die gesamten Wurzeln (inklusive Skelettwurzeln) sowie für die Feinwurzeln (<1 mm ⌀) wurde in Bodenblocks als Trockenmasse pro Bodenvolumen ermittelt. Die Wurzelvitalität wurde mittels des Tetrazoliumtests (nach Joslin und Henderson 1984) erfaßt. Es ist ein Test, um lebende Feinwurzeln (Biomasse) von den toten (Nekromasse) zu unterscheiden.

Ergebnisse

Boden

Wassergehalte

Abbildung 2 zeigt die Bodenwassergehalte im Vergleich zwischen dem Bestand und der Schlagfläche, ermittelt nach einer niederschlagsarmen (Dezember 1998) und einer niederschlagsreichen Periode (April und Juli 1999). Ein Jahr nach Kahlschlag (Dezember) waren die Bodenwassergehalte im Bestand, verglichen mit der Schlagfläche, signifikant (bei $P \leq 0{,}05$) geringer. Infolge reicher Niederschläge in den folgenden Monaten trocknete der Oberboden im Bestand weniger aus. Andererseits jedoch stieg wegen des starken Aufkommens der Krautschicht der Wasserverbrauch auf der Schlagfläche, so daß im Juli 1999 die Unterschiede zwischen Bestand und Schlagfläche bezüglich Bodenwassergehalte weniger ausgeprägt waren. Die Bodenwassergehalte im Bestand waren jedoch weiterhin signifikant ($P \leq 0{,}1$) niedriger. Die Erhebungen entlang des Transekts in Fallrichtung ergaben ähnliche Resultate (nicht abgebildet).

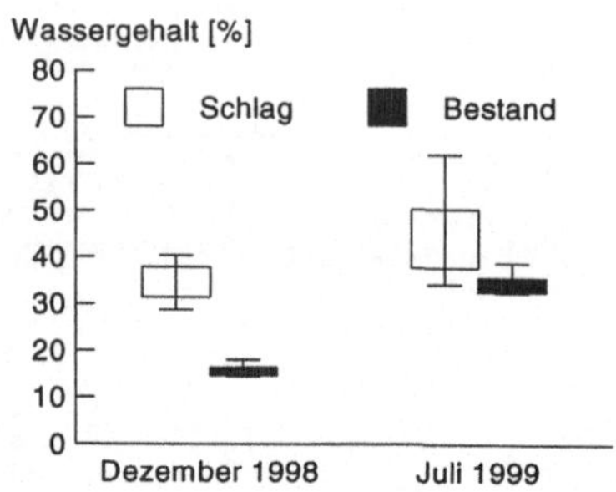

Abb. 2. Wassergehalt des Bodens im Vergleich zwischen Schlagfläche und Bestand. Boxplotdarstellung.

Elementgehalte

Die pflanzenverfügbaren (NH_4Cl) Elementgehalte wurden bis jetzt nur einmal ein Jahr nach dem Kahlschlag (Dezember 1998) erfaßt, womit keine zeitlichen Veränderungen dargestellt werden können. Gehalte an Magnesium und Calcium waren auf der Fläche signifikant höher als im Bestand, im Gegensatz zum Natrium, dessen Konzentration auf der Fläche stark abgenommen hat. Welche Bedeutung die Unterbrechung der Aufnahme- und Speicherfunktionen der Wurzeln auf der Schlagfläche für den Element- und Wasserhaushalt des Bodens hat, muß weiter untersucht werden.Für andere Elemente wie Mn, Fe, K wurden keine signifikanten Unterschiede festgestellt.

Wurzeln

Skelettwurzeln

Die Wurzeln verlaufen oberflächlich. Im Stockbereich bilden sie ein dicht verwachsenes und verschlungenes Wurzelgeflecht. Die Wurzeln sind vielfach gekrümmt, gebogen und untereinander verwachsen. Einzelne Skelettwurzeln wachsen in Gesteinsspalten hinein.

Feinwurzeln

Beinahe die gesamte Buchenfeinwurzelmasse befindet sich in den obersten 20 cm des Bodens, wo sie einen gleichmäßig dichten Wurzelfilz bildet. Die Feinwurzeln sind dunkelbraun bis schwarz, zäh, extrem gebogen und gekrümmt. Viele sind mit *Cenoccocum geophilum* infiziert, einem Mykorrhizapilz, der sich nach Trockenperioden in Buchenbeständen stark ausbreitet (HARLEY 1940) und vermutlich sowohl saprophytisch als auch in Symbiose leben kann (TRAPPE 1964).

Bewurzelungsdichte

Tab. 1. Bewurzelungsdiche von Buchenfeinwurzeln (Durchmesser < 1 mm) in verschiedenen Böden. Angaben in mg je 100 ml Boden.

Boden	Standort	Wurzeldichte	Quelle
Flächgründige, skelettreiche Böden	Chiltern Oxford (GB)	2000...2800	HARLEY (1940)
	Rothenfluh-BL (CH)	485...1146	Polomski (eigene Daten)
	Böhmen (Cz)	>1060	SLAVIKOVA (1958)
Organische Böden	Chiltern Oxford (GB)	>800	HARLEY (1940)
Tiefgründige, skelettarme Böden	Göttingen (D)	370...700	WIEDEMANN (1991)
	Solling (D)	60...680	GÖTTSCHE (1972)
	Böhmen (Cz)	>520	SLAVIKOVA (1958)
	Bayern (D)	>375	VINCENT (1987)
	Chiltern Oxford (GB)	180...440	HARLEY (1940)
	Solling (D)	100...260	BAUHUS (1994

Nach den ersten Auswertungen ist die Spannweite der Feinwurzeldichte, die zwischen 486 und 1146 mg pro 100 ml Boden liegt, recht groß (Tab. 1). Die Literaturangaben, obschon für skelettreiche Böden rar, bestätigen diese große Variabilität. Der Trend ist trotzdem deutlich – je ungünstiger die Bodenverhältnisse, desto höher ist die Feinwurzeldichte.

Wurzelvitalität

Die Unterscheidung toter von lebenden Feinwurzeln ist nach ausschließlich optischen Kriterien einerseits sehr zeitaufwendig, anderseits unzuverlässig, da die als abgestorben eingestuften Wurzeln oft noch physiologisch aktiv sind. Deswegen wurde zur Vitalitätserfassung der Buchenfeinwurzeln ein physiologischer Farbtest verwendet. Aus der ermittelten Eichkurve ist ersichtlich, daß zwischen der Feinwurzelmasse (von lebenden und bei 70 °C abgetöteten Feinwurzeln) und Absorption des reduzierten Formazan eine Korrelation vorliegt (Abb. 3). Die Steilheit der Kurve für die Nekromasse ist gering. Aus den Regressionsgeraden läßt sich der Anteil lebender und toter Wurzeln in einer Probe berechnen.

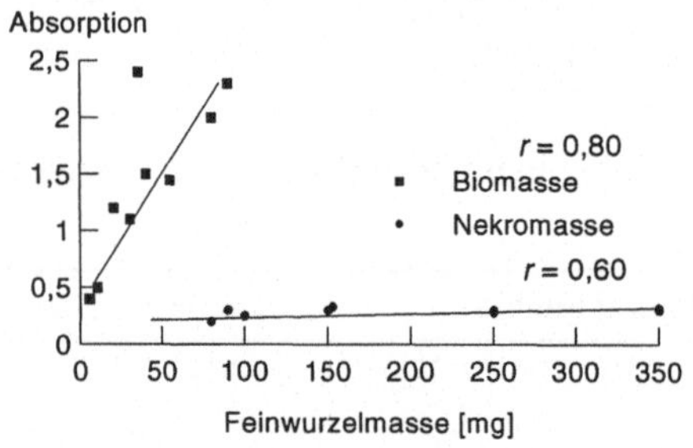

Abb. 3. Beziehung zwischen der Masse lebender Feinwurzeln (Biomasse) bzw. bei 70 °C abgetöteter Feinwurzeln (Nekromasse) und der Absorption des reduzierten Formazans bei 520 nm.

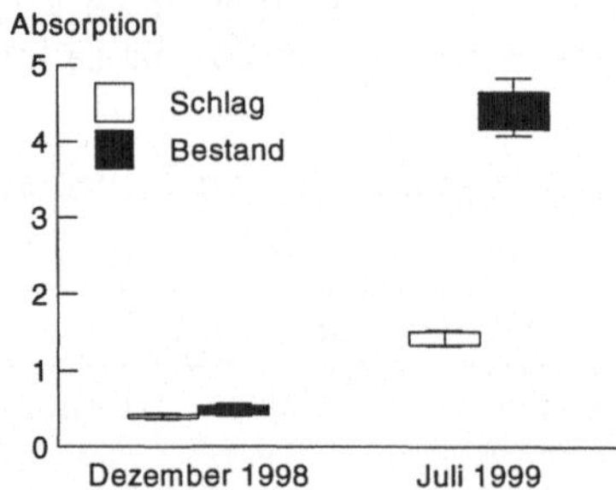

Abb. 4. Vitalität von Buchenfeinwurzeln im Dezember 1998 (erstes Jahr nach Kahlschlag) und im Juli 1999 im Vergleich zwischen Schlagfläche und Bestand. Boxplotdarstellung.

Bereits ein Jahr nach dem Kahlschlag weisen die Buchenfeinwurzeln auf der Schlagfläche im Vergleich zum Bestand sehr hohe Vitalitätsverluste auf. Die Vitalität liegt im Bereich der Nekromasse. Im Laufe der Vegetationsperiode von April bis Juli 1999 ist die mittlere Feinwurzelvitalität auf der Schlagfläche leicht gestiegen, was auf geringe Regeneration der Feinwurzeln hindeutet, liegt jedoch im Vergleich zum Bestand zu allen Meßterminen signifikant ($P \leq 0{,}01$) niedriger (Abb. 4). Ob dieser Trend anhält, hängt wahrscheinlich von der Intensität der generativen Verjüngung (Stockausschlag, Wurzelbrut) ab.

Schlußfolgerungen

Die präsentierten Daten zeigen, daß der TTC-Test eine geeignete Methode für ökologische Wurzeluntersuchungen ist. Ein Jahr nach dem Kahlschlag konnten deutliche Vitalitätsverluste im Feinwurzelsystem geschlagener Buchen nachgewiesen werden. Wie stark sich die Buchenwurzeln regenerieren können, hängt von der Regeneration der oberirdischen Organe ab. Die ermittelten Veränderungen der Wasser- und Nährstoffgehalte des Bodens auf der Schlagfläche deuten darauf hin, daß die Durchwurzelung der Schlagfläche, entweder durch die Buchenwurzeln oder durch die Wurzeln der Krautschicht – als Senke für Nährstoffe – ein bedeutender Faktor ist. Längere Unterbrechung der Aufnahme- und Speicherfunktion kann zu unerwünschten Folgen führen. Die weiteren Untersuchungen werden noch einige Fragen klären.

Literaturverzeichnis

BAUHUS, J., 1994: *Stoffumsätze in Lochhieben.* Dissertation. Forstwissenschaftlicher Fachbereich. Georg-August-Universität Göttingen.

BECKER, A., 1979: Ökologische, physiologische, genetische und praktisch-waldbauliche Aspekte des Vorkommens von Wurzelbrut bei Waldbäumen. Mitteilung LÖLF 4, 40–48.

ELLENBERG, H., 1986: *Vegetation Mitteleuropas mit den Alpen.* Ulmer-Verlag, 989.

GÖTTSCHE, D., 1972: Verteilung von Feinwurzeln und Mykorrhizen im Bodenprofil eines Buchen- und Fichtenbestandes im Solling. *Mitteilungen der Bundesforschungsanstalt für Forst- und Holzwirtschaft* (Hamburg) 102 S.

GREEN, R. N.; TROWBRIDGE, R. L.; KLINKA, K., 1993: Towards a taxonomic classification of humus forms. *Forest Science Monograph* **29**, 1–49.

HARLEY, J. L., 1940: A study of the root system of the beech in woodland soils, with especial reference to mycorrhizal infection. *Journal of Ecology* **28**, 107–117.

HOCHHARDT, W., 1996: *Vegetationskundliche und faunistische Untersuchungen in den Niederwäldern des Mittleren Schwarzwaldes unter Berücksichtigung ihrer Bedeutung für den Arten- und Biotopschutz. Schriftenreihe des Institutes für Landespflege der Universität Freiburg.* Heft 21, 252+18 S.

JOSLIN, J. D.; HENDERSON, G. S., 1984: The determination of procentages of living tissue in woody fine root samples using Triphenyltetrazolium Chlorid. *Forest Science* **30**, 965–970.

SLAVIKOVA, J., 1958: Einfluß der Buche (*Fagus silvatica* L.) als Edifikator auf die Entwicklung der Krautschicht in den Buchenphytozönosen. *Preslia* **30**, 19–42.

TRAPPE, J. M., 1964: Mycorrhizal hosts and distribution of *Cenococcum graniforme. Lloydia* **27**, 100–106.

VINCENT, J. M., 1987: *Vergleichende Untersuchungen an Feinwurzeln und Mykorrhiza in geschädigten Buchenbeständen* (*Fagus sylvatica* L.). Dissertation. Forstwissenschaftliches Fakultät, Ludwig-Maximilian-Universität, München, 118.

WIEDEMANN, H., 1991: *Feinwurzeluntersuchungen in Buchenwaldökosystemen in Abhängigkeit vom Bodenchemismus.* Berichte des Forschungszentrums Waldökosysteme. Band 76. Göttingen, 290.

Rhizodeposition und Stoffverwertung.
10. Borkheider Seminar zur Ökophysiologie des Wurzelraumes.
Hrsg.: W. Merbach, L. Wittenmayer, J. Augustin. B. G. Teubner Stuttgart, Leipzig 2000, S. 72-78.

Der Einfluß von Bodenbearbeitung und N-Düngung auf die Verteilung von ^{14}C-markierten Assimilaten auf Sproß und Wurzel sowie auf die Rhizodeposition bei Winterraps

Johannes Max und Burkhard Sattelmacher
Institut für Pflanzenernährung und Bodenkunde der Christian-Albrechts-Universität zu Kiel, Ohlshausenstraße 40, D-24118 Kiel

Abstract

Rhizodeposition is considered to be an important source for soil organic carbon. Increased root turnover rates may be a mechanism employed by plants to respond to nutrient limiting conditions. Estimation of rhizodeposition for field-grown oilseed-rape plants (*Brassica napus* L.) using ^{14}C-pulse labelling technique was the objective of our present work. Treatments consisted of two soil tillage systems (ploughing/surface tillage, 'Horsch') and two N rates (0 and 240 kg N/ha). Soil, roots, and shoot were sampled three weeks after labelling and also at the end of the growing season. Rhizodepostion was calculated from the decrease in ^{14}C activity between the sampling dates. Under high N supply retranslocation of assimilates, an increase of root ^{14}C-content which is incompatible with our methodical approach was observed. Therefore, a second experiment was conducted, combining pulse-labelling and ingrowth-core techniques to calculate the transfer of mobile ^{14}C-labelled assimilates to newly formed roots. It is concluded that rhizodeposition accounted for up to 90 % of total carbon allocation to the roots (high N supply and ploughing). N supply and soil tillage had pronounced effects on ^{14}C partitioning within the shoot and also high N supply as well as ploughing resulted in reduced ^{14}C allocation to generative organs.

Einleitung

Rhizodeposition gilt als eine der bedeutendsten Quellen für organischen Kohlenstoff im Boden. Für die Pflanze bedeutet erhöhter Wurzelumsatz zunächst einen verstärkten Aufwand an Assimilaten. Andererseits erschließt ein ausgedehnteres oder sich ständig erneuerndes Wurzelsystem größere Bodenvolumina, besitzt einen höheren Anteil junger Wurzeln und ermöglicht so eine bessere Ausnutzung vorhandener Wasser- und Nährstoffreserven. Beschleunigter Wurzelumsatz kann daher als mögliche Reaktion der Pflanze auf Wasser- oder Nährstoffmangel interpretiert werden. Mit Hilfe von Minirhizotronen (z. B. HENDRICK und PREGITZER 1996), „Ingrowth-Cores“ (z. B. STEINGROBE *et al.* 1999) und ^{14}C-Bilanzen (z. B. SAUERBECK und JOHNEN 1976) konnte mehrfach belegt werden, daß bei allen untersuchten Arten fortwährend Wurzeln absterben und neu gebildet werden. Eine Quantifizierung mit den genannten Methoden ist jedoch nur eingeschränkt möglich. Ziel der hier vorgestellten Untersuchung war es, Einflüsse von Bodenbearbeitung und N-Düngung auf Assimilatverteilung und Rhizodeposition von Winterraps (*Brassica napus* L.) zu ermitteln. In Anlehnung an SWINNEN *et al.* (1994) wurden anschließend an eine ^{14}C-Puls-Markierung drei Wochen nach Inkubation und zur Ernte Sproß-, Wurzel- und Bodenproben entnommen und der ^{14}C-Gehalt bestimmt, um aus der Aktivitätsabnahme im Wurzelsystem auf die Rhizodeposition im Zeitraum zwischen den Probenahmeterminen zurückzuschließen.

Material und Methoden

Versuchsaufbau

Die Versuchsanlage des Sonderforschungsbereiches 192 auf dem Versuchsgut Hohenschulen der Universität Kiel besteht unverändert seit 1990. Auf schluffig-lehmigen Böden wird hier die Fruchtfolge Winterweizen — Wintergerste — Winterraps (Sorte ‚Falcon‘) angebaut. Die Versuchsfelder sind in je zwei Bodenbearbeitungsblöcke (Pflug: „P“ und Frässohlensaat System Horsch: „H“), jeder Block in Parzellen variierter N-Düngung unterteilt. Untersucht wurden die N-Stufen 0 und 240 kg N/(ha · a) („N0“ und „N240“). In jeder Versuchsparzelle wurden im Februar 1998 neun Edelstahlzylinder (⌀16,8 cm, angepaßt an die Bestandesdichte) um je eine Pflanze 30 cm tief in den Boden getrieben. Kurz vor der Begasung wurden in die Röhren PVC-Flansche mit einem zweiten inneren Rohr (⌀ 8,5 cm) eingebaut, so daß zwischen äußerem und inneren Rohr ein Hohlraum entstand. Die Kontaktfläche zwischen Flansch und äußerem Rohr sowie die freie Bodenoberfläche im inneren Rohr wurde mit Siliconkautschuk gasdicht versiegelt. Die Luft aus dem Hohlraum wurde kontinuierlich abgesaugt und das CO_2 in Natronlauge aufgefangen. Die zur Belüftung des Systems nachströmende Außenluft wurde über 5 M Natronlauge von CO_2 gereinigt. Wasser- und Nährstoffversorgung erfolgten über Anschlüsse am äußeren Rohr entsprechend der Regenmenge bzw. der N-Düngungsvariante. 1999 wurde in der Variante „P/N240“ ein ergänzender Versuch mit neun Pflanzen durchgeführt. In sechs Röhren wurden hier zusätzlich zum oben beschriebenen Aufbau drei bzw. zwei „Ingrowth-Cores“ (⌀ 4 cm, Länge 30 cm) (vgl. STEINGROBE *et al.* 1999) eingebaut.

^{14}C-Puls-Markierung

Die Begasung erfolgte in beiden Versuchsjahren Anfang Mai (EC 61) zwischen 12.00 und 16.00 Uhr bei wolkenlosem Himmel. Acrylglashauben (150 cm) wurden gasdicht auf die Stahlröhren aufgesetzt und $^{14}CO_2$ durch Einleiten von HCl in $NaH^{14}CO_3$-Lösung freigesetzt. Nach zwei Stunden wurde $^{12}CO_2$ auf gleiche Weise nachgeliefert, um eine möglichst vollständige ^{14}C-Aufnahme durch die Pflanzen zu gewährleisten. Nach insgesamt vier Stunden wurde die Haubenluft abgesaugt, nicht assimiliertes $^{14}CO_2$ in Natronlauge aufgefangen und die Restradioaktivitäten in vorgelegter Lösung und Haubenluft mittels Flüssigkeitsszintillationszählung (LSC) bestimmt.

Probenahme und -aufbereitung

Drei Wochen nach Begasung wurden jeweils drei Bodensäulen entnommen, alle restlichen Röhren zum Erntetermin. Die Entnahme der „Ingrowth-Cores" aus den Röhren erfolgte im Zusatzversuch 1999 nach jeweils zwei Wochen Bewurzelungsdauer. Gleichzeitig begann die nächste Serie zur Bewurzelung. Die oberirdischen Pflanzenteile wurden in ihre Sproßorgane zerlegt, die Bodensäulen in drei Schichten zu je 10 cm aufgeteilt und die Wurzeln schichtweise ausgewaschen (0,5-mm-Sieb). Sproß-, Wurzel- und Bodenproben wurden getrocknet, gewogen, gemahlen und die ^{14}C-Radioaktivität nach Verbrennung eines Aliquots („Biological Oxidizer") mittels LSC bestimmt. Mit Wurzeln und Boden aus den Ingrowth-Cores wurde analog verfahren

Berechnung der Rhizodeposition

Unter der Annahme, daß die ^{14}C-Assimilatverteilung nach drei Wochen weitestgehend stabil ist, sollte aus der Abnahme der ^{14}C-Radioaktivität im Wurzelsystem (WA) vom Beprobungstermin „Blüte", drei Wochen nach der Begasung, bis zur Ernte die Rhizodeposition (RD) gemäß: $RD_{3\ Wochen\ -\ Ernte} = WA_{3\ Wochen} - WA_{Ernte}$ berechnet werden.

Ergebnisse und Diskussion

Die Entwicklung der Versuchspflanzen war durch die Installationen auf dem Feld nicht beeinträchtigt und verlief in allen Vegetationsstadien ohne erkennbaren Unterschied zu den umgebenden Pflanzen. Sproßtrockenmassen und Kornertrag stimmten mit parallel erhobenen Parzellenergebnissen überein. Das während der Begasung angebotene ^{14}C-CO_2 wurde von den Pflanzen, unabhängig von der

Behandlungsvariante, fast vollständig (zu 96 % bis 99 %) assimiliert (Bruttoassimilation). Drei Wochen nach der Begasung waren im Sproß noch zwischen 40 und 69 %, zum Ende der Vegetationsperiode noch 34 bis 56 % der ^{14}C-Bruttoassimilation zu finden (Tab. 1). SWINNEN *et al.* (1995) geben nach einer ^{14}C-Pulsmarkierung zum Ährenschieben von Winterweizen (72,2 % der Bruttoassimilation nach drei Wochen bzw. 61,7 % zur Ernte) und Sommergerste (52,3 bzw. 46,3 %) vergleichbare Werte an. Unterlassene N-Düngung und reduzierte Bodenbearbeitung führten jeweils zu erhöhten Wiederfindungsraten im Sproß (Tab. 1).

Tab. 1. ^{14}C-Verteilung im Sproß drei Wochen (Blüte) und elf Wochen (Ernte) nach Pulsmarkierung. Angaben in Prozent der Brutto-^{14}C-Assimilation.

Wochen nach der Pulsmarkierung	Organ	Variante*			
		P/N0	P/N240	H/N0	H/N240
3	Stengel	23,67 n. s.	28,45	30,19	22,23
	Blätter	4,12 n. s.	3,86	1,17	2,05
	Blüten	0,12 n. s.	0,07	–	0,02
	Schoten	29,97 a	5,32 c	37,47 a	15,02 b
	gesamter Sproß	54,33 b	39,61 c	69,33 a	42,15 c
11	Stengel	20,76 n. s.	26,42	23,98	23,06
	Schoten	22,73 b	7,38 c	32,69 a	13,29 c
	gesamter Sproß	43,49 b	33,79 c	56,32 a	37,00 c

*) verschiedene Buchstaben in einer Zeile kennzeichnen signifikante Unterschiede (LSD-Test, $P \leq 0{,}05$), n. s. – nicht signifikant. P: Pflug, H: Frässohlensaat System Horsch.

Aus Tab. 1 wird ein starker Einfluß der Stickstoffdüngung auf die ^{14}C-Assimilatverteilung im Sproß ersichtlich. N-Mangel führte zu einer verstärkten Zuteilung der zu Beginn der Blüte markierten Assimilate in die Schoten und zu insgesamt geringeren ^{14}C-Verlusten im Verlauf der Vegetationsperiode. Die reduzierte Bodenbearbeitung hatte ebenfalls höhere ^{14}C-Gehalte in den generativen Organen und im Gesamtsproß zur Folge. Diese Effekte dürften auf gesteigerte Dunkelrespiration bei guter N-Versorgung und verstärkter Assimilatzuteilung in die generativen Organe von N-Mangelpflanzen zurückzuführen sein.

Lediglich 1,5 bis 2,5 % des bruttoassimilierten ^{14}C befanden sich drei Wochen nach der Inkubation im Wurzelsystem (Tab. 2). Zur Ernte waren es noch 1 bis 1,9 %. Mit der Tiefe nimmt die ^{14}C-Radioktivität regelmäßig ab. Der Assimilattransfer in die Wurzeln fällt, verglichen mit Angaben für Weizen und Gerste

(Jensen 1993), recht niedrig aus. Swinnen *et al.* (1995) ermittelten Werte um 3 % bei einer Begasung zum Ährenschieben. Merbach *et al.* (1996) berichten von einer erheblich höheren C-Zuteilung in die Wurzeln. Aus Begasungen zu früheren Vegetationsstadien resultierten wesentlich größere Investitionen ins Wurzelsystem (≈10 %).

Tab. 2. ^{14}C-Verteilung in der Wurzel drei Wochen (Blüte) und elf Wochen (Ernte) nach Pulsmarkierung. Angaben in Prozent der Brutto-^{14}C-Assimilation.

Wochen nach der Pulsmarkierung		Variante*			
		P/N0	P/N240	H/N0	H/N240
3	Pfahlwurzel	1,36 n. s.	0,92	0,35	0,87
	Wurzeln aus 30...60 cm	1,16 n. s.	1,18	1,15	0,65
11	Pfahlwurzel	0,54 n. s.	0,58	0,24	0,78
	Wurzeln aus 30...60 cm	1,05 n. s.	1,27	0,71	0,87

*) Abkürzungen vgl. Tab. 1.

Unterschiede zwischen den Behandlungen hinsichtlich der ^{14}C-Assimilatverlagerung ins Wurzelsystem sind nicht festzustellen. Lediglich die reduzierte Bodenbearbeitung weist eine Tendenz zu geringeren ^{14}C-Gehalten auf, was mit dem Befund eines insgesamt kleineren Wurzelsystems unter Frässohlensaat zusammenhängen könnte. Bei einer Betrachtung der Veränderung der ^{14}C-Radioaktivitäten zwischen den beiden Beprobungsterminen fällt eine Zunahme der Werte in den beiden hoch gedüngten Varianten auf. Unter der Annahme einer stabilen Assimilatverteilung würde bereits ein Gleichbleiben der Werte dem Vorhandensein von Wurzelumsatz widersprechen. Das Ansteigen der Aktivität ist nur durch Retranslokation mobiler Kohlenstoffverbindungen aus dem Sproß oder der Speicherwurzel erklärbar. Dieser Befund stellt den verwendeten Ansatz zur Berechnung des Wurzelumsatzes in Frage. Offensichtlich wird die Wurzelneubildung nicht nur durch aktuelle Photosyntheseprodukte, sondern auch durch den Transfer remobilisierter „alter" Assimilate aus dem Sproß bestritten, bei hoher Stickstoffdüngung sogar überkompensiert. Um diese Retranslokation zu quantifizieren und damit eine Korrektur der Meßwerte zu ermöglichen, wurden 1999 in einem Zusatzversuch (Variante „P/N240") „Ingrowth-Cores" (vgl. Steingrobe *et al.* 1999) in die Edelstahlröhren eingebaut und so der ^{14}C-Gehalt in den neugebildeten Wurzel bestimmt. In allen Bewurzelungsperioden der „Ingrowth-Cores" konnte in den neugebildeten Wurzeln ^{14}C nachgewiesen werden (Tab. 3). Über den Untersuchungszeitraum kumuliert ergibt sich ein Transfer ^{14}C-markierter Assimilate von 82,5 % des ^{14}C-Gehaltes im Wurzelsystem drei Wochen nach der Pulsmarkierung. Dies bedeutet, daß fast die gleiche Assimilatmenge durch Retranslokation in die Wurzeln gelangt ist wie in der hypothetisch angenommenen „Allokationsperiode" in den ersten drei Wochen nach der Begasung.

Tab. 3. Anteil der ^{14}C-Radioaktivität der neu gebildeten Wurzel in den „Ingrowth-Cores" an der Brutto-^{14}C-Assimilation und am ^{14}C des Wurzelsystems. Angaben in Prozent.

Anteil an	Bewurzelungsperiode der „Ingrowth-Cores" [Wochen nach ^{14}C-Pulsmarkierung]					Summe
	3 - 5	5 - 7	7 - 9	9 - 11	11 - 13	
^{14}C-Brutto-Assimilation	0,25	0,2	0,17	0,16	0,09	0,87
^{14}C des Wurzelsystems	23,57	18,95	15,74	16,75	8,74	82,48

Mit Hilfe dieser Werte wurde gemäß $RD = WA_{3\ Wochen} - (WA_{Ernte} - WA_{Wurzelzuwachs})$ eine Rhizodeposition von ca. 90 % für die Versuchsvariante „P/N240" errechnet. Dieser Wert liegt deutlich höher als von SWINNEN *et al.* (1995) für Sommergerste (49 bis 55 %) und Winterweizen (43 %) angegeben. Dies könnte, neben pflanzenspezifischen und behandlungsbedingten Unterschieden, darauf zurückzuführen sein, daß dort Assimilat-Retranslokationen ins Wurzelsystem unberücksichtigt blieben. STEINGROBE *et al.* (1999) ermittelten für Wintergerste mit der „Ingrowth-Core"-Methode, die durch Retranslokation unbeeinflußt ist, Wurzelumsatzraten, die mit Werten zwischen 60 und 70 % ebenfalls höher lagen. Eine Überschätzung der Rhizodeposition könnte daraus resultieren, daß bei der für die vorliegende Arbeit gewählten Methode mobile C-Verbindungen innerhalb des Wurzelsystems umverlagert und in die neu gebildeten Wurzel in den „Ingrowth-Cores" eingebaut werden. Innerhalb des Wurzelsystems umverlagerter ^{14}C-Kohlenstoff ist methodisch nicht von ^{14}C-Assimilaten aus dem Sproßbereich zu trennen.

Eine direkte Übernahme der Ergebnisse des „Ingrowth-Cores"-Versuches zur Korrektur der in den übrigen Behandlungsvarianten erhobenen Daten erschien wenig sinnvoll, da z. B. bei N-Mangel von geringeren Retranslokationsraten auszugehen ist. Die Abnahme der ^{14}C-Aktivität im Wurzelsystem der Nullparzellen im Verlauf der Untersuchungsperiode kann jedoch als Indiz dafür aufgefaßt werden, daß N-Mangel-Pflanzen eine erhöhte Rhizodeposition aufweisen. Auch höhere Werte für die $^{14}CO_2$-Freisetzung aus den Bodensäulen in den Nullparzellen sind in diesem Sinne zu interpretieren.

Die mit dem verwendeten methodischen Ansatz ermittelte Größenordnung der Rhizodeposition für Winterraps ist erstaunlich hoch. Sie steht zwar in grundsätzlicher Übereinstimmung mit den Ergebnissen anderer Autoren, vor einer Verallgemeinerung oder Übertragung auf andere Pflanzenarten oder Standortbedingungen ist jedoch eine eingehende Validierung der Methode durch weitere Untersuchungen und die Berücksichtigung pflanzenartspezifischer Unterschiede notwendig.

Literaturverzeichnis

HENDRICK, R. L.; PREGLITZER, K. S., 1996: Applications of minirhizotrons to understand root function in forests and other natural ecosystems. *Plant and Soil* **185**, 293-304.

JENSEN, B., 1993: Rhizodeposition by $^{14}CO_2$-pulse-labelled spring barley grown in small field plots on sandy loam. *Soil Biology and Biochemistry* **25**, 1553-1559.

MERBACH, W.; KNOF, G.; AUGUSTIN, J.; JACOB, H.-J.; JÄGER, R.; TOUSSANT, V., 1996: Ökophysiologische Wechselbeziehungen zwischen Pflanze und Boden. In: *Reaktionsverhalten von Agrarischen Ökosystemen homogener Areale*. H. Mühle, S. Claus (Hrsg.). – Stuttgart, Leipzig: B. G. Teubner Verlagsgesellschaft, 195-207.

SAUERBECK, D.; JOHNEN, B., 1976: Der Umsatz von Pflanzenwurzeln während der Vegetationsperiode und dessen Beitrag zur „Bodenatmung". *Zeitschrift für Pflanzenernährung und Bodenkunde* **139**, 315-328.

STEINGROBE, B.; SCHMID, H.; ZINTEL, A.; CLAASEN, N., 1999: Wurzelerneuerung bei Wintergerste und ihre Bedeutung für die P-Versorgung. In: *Stoffumsatz im wurzelnahen Raum. 9. Borkheider Seminar zur Ökophysiologie des Wurzelraumes*. W. Merbach, L. Wittenmayer, J. Augustin (Hrsg.) – Stuttgart, Leipzig: B. G. Teubner Verlag, 61-67.

SWINNEN, J.; VAN VEEN, J. A.; MERCKX, R., 1994: ^{14}C-pulse-labelling of field-grown spring wheat: an evaluation of its use in rhizosphere carbon budget estimations. *Soil Biology and Biochemistry* **26**, 161-170.

SWINNEN, J.; VAN VEEN, J. A.; MERCKX, R., 1995: Root decay and turnover of rhizodeposits in field-grown winter wheat and spring barley estimated by ^{14}C pulse-labelling. *Soil Biology and Biochemistry* **27**, 211-217.

Rhizodeposition und Stoffverwertung.
10. Borkheider Seminar zur Ökophysiologie des Wurzelraumes.
Hrsg.: W. Merbach, L. Wittenmayer, J. Augustin. B. G. Teubner Stuttgart, Leipzig 2000, S. 79-85.

Verhältnis von Sproß und Wurzel bei der Expression von Genen der Sulfatassimilation in *Arabidopsis thaliana*

Rüdiger HELL*, Ricarda JOST*, Günter NEBE‡ und Christiane BORK‡
*Institut für Pflanzengenetik und Kulturpflanzenforschung (IPK), Arbeitsgruppe Molekulare Mineralstoffassimilation, Corrensstraße 3, D-06466 Gatersleben; ‡Lehrstuhl für Pflanzenphysiologie der Ruhr-Universität Bochum, Universitätsstraße 150, D-44801 Bochum

Abstract

The relationship of shoots and roots in sulfate assimilation has been investigated both at the biochemical and molecular level. The model plant *Arabidopsis thaliana* provides for the first time the possibility to analyse the expression patterns of almost all the genes of sulfate assimilation and cysteine biosynthesis in plants. Thus the troublesome assay of the notoriously low activities and labile enzymes of the pathway is avoided. Quantification of steady-state mRNA levels of genes of sulfate transporters, ATP sulfurylase, APS-kinase, APS reductase, sulfite reductase, serine acetyltransferases and *O*-acetylserine(thiol)layses in rosette leaves and roots from *A. thaliana* plants was performed using Northern hybridization. Genes for sulfate reduction were predominantely expressed in leaves, however, substantial mRNA levels were also detected in roots for all genes tested. Similarly, genes that encode iso-enzymes of cysteine and methionine biosynthesis exhibited strong expression in roots comparable to the amounts in leaves. In addition, stored sulfate from roots contributed about one third of the sulfur required for metabolic processes during early stages of external sulfate deprivation. It is concluded that the shoot is not entirely responsible for storage of sulfate and provision of reduced sulfur in *A. thaliana*. Instead, the root system plays a significant role in sulfate storage and reduction and may even be independent from import of reduced sulfur compounds from the shoot.

Einleitung

Wachstum und Biomasseproduktion von Pflanzen sind sensitiv gegenüber Änderungen in der Verfügbarkeit von Makronährelementen, wobei die Schwefelversorgung erheblich an Bedeutung gewinnt. Der Eintrag atmosphärischen Schwefels in natürliche und landwirtschaftliche Ökosysteme wird durch die nunmehr verringerte

Luftverschmutzung in Mitteleuropa drastisch verringert, so daß beim Anbau Schwefel-intensiver Nutzpflanzen wie Raps entsprechende Düngung nötig wird (Dämmgen *et al.* 1998).

Höhere Pflanzen reagieren auf Sulfatmangel durch transkriptionelle Regulation der beteiligten Gene in komplexen gewebs- und entwicklungsspezifischen Expressionsmustern. Das Verständnis des Schwefelstoffwechsels in Höheren Pflanzen wird daher durch die vielfältige Organisation von Mineralaufnahme, Transport, *source-sink*-Beziehungen und Entwicklungsprozessen stark erschwert. Die Untersuchung dieser Mechanismen erfolgt hier anhand der Modellpflanze *Arabidopsis thaliana*, für die in den letzten Jahren nahezu alle Gene des primären Schwefelstoffwechsels isoliert und der Weg der Sulfatreduktion aufgeklärt werden konnte – Übersicht in Hell (1997) sowie Leustek und Saito (1999). Demnach verläuft die assimilatorische Sulfatreduktion in Pflanzen über drei Schritte, die im Plastiden lokalisiert sind. Zunächst wird Sulfat mit ATP durch die ATP-Sulfurylase zu Adenosinphosphosulfat (APS) aktiviert. Hier gabeln sich die Wege für die Integration von oxidiertem und reduziertem Schwefel in organische Verbindungen. Zum einen kann APS durch die APS-Kinase mit ATP zu Phospho-Adenosinphosphosulfat (PAPS) aktiviert werden, das als energiereiches Substrat für die Sulfatierung von Sekundärstoffen wie den Glucosinolaten dient. Zum anderen konkurriert die APS-Reduktase um das APS und bildet nach Elektronenübertragung von Glutaredoxin freies Sulfit. Dieses wird durch die Sulfit-Reduktase zu Sulfid reduziert, das nun für den Einbau in Cystein zur Verfügung steht. Die Synthese von Cystein erfolgt in einem Proteinkomplex, bestehend aus Serin-Acetyltransferase und *O*-Acetylserin (Thiol)-Lyase. Im Unterschied zu Säugetieren können Pflanzen aus Cystein das Methionin bilden, wobei Cystathionin als Zwischenprodukt dient.

In diesem Beitrag soll ein Überblick über die Expressionsmuster von Genen des Schwefelstoffwechsels in Sproß und Wurzel von *A. thaliana* gegeben werden, die in erster Näherung den Gehalten der z. T. schwer zu bestimmenden, zugehörigen Enzyme entsprechen. Darüber hinaus sollen metabolische und genetische Mechanismen dargestellt werden, die unter möglichst natürlichen experimentellen Bedingungen des S-Mangels zur Aufrechterhaltung des Wachstums beitragen. Langfristig soll damit die Bedeutung zellulärer Reaktionen im Hinblick auf die Interaktion der Pflanze mit dem verfügbaren Sulfat in ihrer Umwelt geschaffen werden.

Ergebnisse und Diskussion

Grundlage für die Beurteilung von Stoffverteilung und Bedarf ist die Kenntnis der Gehalte der wichtigsten Schwefelverbindungen in *A. thaliana*. In Tab. 1 sind die

Gehalte niedermolekularer reduzierter Schwefelverbindungen den Proteinwerten der verschiedenen Pflanzenorgane gegenübergestellt. Aufgrund der unterschiedlichen spezifischen Gewichte (z. B. Samen) sind Vergleiche zwischen den Organen erschwert, jedoch geben die Vergleiche der Substanzgehalte untereinander Aufschluß über den Bedarf an reduziertem Schwefel. Demnach ist der Glucosinolatgehalt in Samen stark erhöht, ebenso ist das Verhältnis von Cystein zu Glutathion, der hauptsächlichen reduzierten Thiolverbindung in Zellen, in Samen zugunsten des Cysteins verschoben. Die Verhältnisse von Cystein zu Glutathion sind trotz unterschiedlicher Absolutgehalte in Blatt (0,83 ± 0,09) und Wurzel (0,76 ± 0,12) etwa gleich. Der Proteingehalt ist in Wurzeln relativ zu den niedermolekularen Schwefelverbindungen am niedrigsten, so daß insgesamt eine deutliche organspezifischen Verteilung des reduzierten Schwefels in *A. thaliana* vorliegt.

Tab. 1. Gehalte wichtiger Schwefelverbindungen in verschiedenen Organen von *Arabidopsis thaliana.* Mittelwerte von fünf Extraktionen ± Standardabweichung. Die Anzucht erfolgte in Erdkultur im Gewächshaus unter Kurztag (acht Stunden Licht) für elf Wochen.

Organ	Cystein	Glutathion	Glucosinolate	Protein
	nmol/g FM	nmol/g FM	µg/g FM	mg/g FM
Schoten	86 ± 10	767 ± 72	3,4 ± 0,3	5
Samen	100 ± 12	756 ± 83	78,3 ± 5,1	40
Stengel	31 ± 3	342 ± 45	3,2 ± 0,3	12
Blatt	36 ± 4	432 ± 45	2,2 ± 0,2	7
Wurzel	16 ± 2	209 ± 34	1,0 ± 0,2	0,4

Die häufigste Beinflussung des Schwefelstoffwechsels besteht in der Änderung der Sulfatverfügbarkeit in der Bodenlösung durch Witterungseinflüsse. Die Rolle von Sproß und Wurzel bei der Reaktion auf kurzfristigen Sulfatentzug kann in einem einfachen Experiment imitiert werden: Nach Anzucht unter ausreichender Sulfatversorgung werden die Pflanzen auf Sulfatmangelmedium umgesetzt und ihre Reaktion in den frühen Stadien aufgezeichnet, bevor unspezifische Streßreaktionen die Sulfat typischen Effekte überdecken (Tab. 2). *A. thaliana* ist demnach in der Lage, die vorhandenen Schwefelspeicherstoffe rasch zu aktivieren, wobei Sulfat im Vergleich zu Glutathion den weitaus größeren Anteil für die Aufrechterhaltung des Stoffwechsels bereitstellt. Die Sulfatabnahme in Sproß und Wurzel ist pro Gramm Frischmasse (FM) ähnlich und unter Berücksichtigung des Verhältnisses von Sproß-

zu Wurzelmasse trägt die Wurzel immer noch ca. ein Drittel des Schwefelbedarfs unter diesen Bedingungen bei.

Tab. 2. Einfluß von kurzfristigem Sulfatentzug auf die Gehalte von Sulfat und Glutathion in Blättern und Wurzeln von *A. thaliana**. Angaben in µmol je Gramm Frischmasse.

S-Verbindung	Organ	Dauer des Sulfatmangels [h]		Abnahme	Anteil an der Gesamt-S-Menge [%]
		0	72		
Sulfat	Blatt	6,9	2	4,9	60,2
	Wurzel	9	3,5	5,5	33,8
Glutathion	Blatt	0,66	0,28	0,38	4,7
	Wurzel	0,32	0,11	0,21	1,3

*) Die Pflanzen wurden 20 Tage im Kurztag in steriler Flüssigkultur (Gamborg-B5 mit 2,1 mM Sulfat) angezogen und dann für drei Tage auf Sulfatmangelmedium (7 µM) umgesetzt. Mittelwerte von vier unabhängigen Experimenten mit einer Standardabweichung von maximal 12 %; ergänzt nach JOST und HELL (1999).

Tab. 3. Expression von drei Sulfat-Transportergenen in *A. thaliana*. Dargestellt sind die Größe der mRNA [kb] und deren Mengen (relativ zu Pflanzen mit ausreichender Schwefelversorgung) in Blatt und Wurzel nach Induktion der Gene nach 72 Stunden Sulfatmangel (vgl. Tab. 2). Mittelwerte ± Standardabweichung wurden aus Northern-Hybridisierung von vier Experimenten errechnet wie bei HELL *et al.* (1997) beschrieben.

Sulfat-Transporter	mRNA-Größe [kb]	relative mRNA-Menge	
		Wurzel	Blatt
AST56	2,6	2,9 ± 0,4	3,4 ± 1,0
AST68	3	11,2 ± 4,1	1,0 ± 0,3
AST76E	2,7	0	1,0 ± 0,4

Zusätzlich zur Aktivierung von Reserven erhöht die Pflanze die Sulfataufnahmekapazität in der Wurzel (SMITH *et al.* 1995). Eine Analyse von drei Mitgliedern der Sulfat-Tranportergenfamilie in *A. thaliana* zeigt, daß dabei eine differentielle Reaktion der Aufnahmesysteme zugrundeliegt (Tab. 3). So wird das Gen für den Transporter AST68 in Wurzeln weitaus am stärksten durch Sulfatmangel im Medium induziert, im Blatt jedoch gar nicht, während das AST56 Gen in Blatt und

Wurzel gleichmäßig angeschaltet wird. Den oben beobachteten Reaktionen liegen demnach spezifische Unterschiede in Blatt und Wurzel zugrunde.

Die Rolle der Wurzel bei der Verteilung und Nutzung des Sulfats spiegelt sich auch in der Expression der Gene der Sulfatassimilation und Cystein- bzw. Methioninsynthese wider (Tab. 4). Zwar sind alle analysierten Gene stärker in Blättern als in Wurzeln bzw. stärker in photoautotrophen als in heterotrophen Geweben exprimiert. Die mRNA Gehalte in Wurzeln erreichen jedoch fast durchweg ein Drittel bis die Hälfte der Blattwerte. Im Falle der ubiquitär benötigten Bildung von Schwefel-Aminosäuren übersteigen die mRNA-Gehalte der Wurzeln für einzelne kompartimentspezifische Isoformen der Gene sogar die der Blätter.

Tab. 4. Expression von Genen des primären Schwefelstoffwechsels. Zusammengestellt sind relative mRNA-Mengen von Pflanzen mit ausreichender Schwefelversorgung. n. b. – nicht bestimmt, + – Abschätzung von Northern-Hybridisierung (wie in Tab. 3).

cDNA	mRNA [kb]	Wurzel	Blatt	Keimling		Quelle
				etioliert	Licht	
ATP-Sulfurylase	1,9	+	++	n. b.	n. b.	LOGAN *et al.* (1996)
APS-Kinase	1,2	1	4	1	3,9	BORK (1997), HELL *et al.* (1997)
APS-Reduktase	1,6	+	++	n. b.	n. b.	GUTIERREZ-MARCOS *et al.* (1996)
Sulfitreduktase	2,4	1	1,7	1	9	BORK und HELL (1999), HELL *et al.* (1997)
SAT-A†	1,4	1	0,4	1	1,9	HELL *et al.* (1997), diese Arbeit
SAT-B‡	n. b.	+	+	n. b.	n. b.	MURILLO *et al.* (1995)
SAT-C¤	1,3	1	0,25	n. b.	n. b.	diese Arbeit
OAS-TL A¤	1,3	1	0,75	1	0,8	HELL *et al.* (1994)
OAS-TL B‡	1,4	1	1,3	1	1,8	BORK (1997), HELL *et al.* (1997)
OAS-TL C†	1,6	++	+	n. b.	n. b.	HESSE *et al.* (1999)
Cystathionin-β-Lyase	1,8	1	0,7	1	1,9	BORK (1997)

†) Mitochondrien, ‡) Plastiden, ¤) Cytosol.

Die vorliegenden Ergebnisse belegen, daß der Wurzel im Schwefelstoffwechsel eine weit größere Rolle zukommt als im klassischen *source-sink*-Schema vorgezeichnet. Über die Sulfataufnahme hinaus stellen die Wurzeln eine wichtigen Speicherort für Sulfat und Syntheseort für reduzierte Schwefelverbindungen dar. Die starke Expression der Sulfatassimilationsgene legt, im Gegensatz zum Stickstoffmetabolismus (CRAWFORD 1995), eine nahezu Blatt-unabhängige Selbstversorgung der Wurzel für den Schwefelstoffwechsel nahe.

Literaturverzeichnis

BORK, C., 1997: *Expression und molekularbiologische Analyse von Genen des Schwefelmetabolismus in* Arabidopsis thaliana *(L.) Heynh.* Ruhr-Universität Bochum, Dissertation.

BORK, C.; HELL, R., 1999: Expression patterns of the sulfite reductase gene from *Arabidopsis thaliana.* In: *Sulfur Nutrition and Sulfur Assimilation in Higher Plants: Molecular, Biochemical and Physiological Aspects.* C. Brunold, J.-C. Davidian, L. De Kok, H. Rennenberg, I. Stulen (Hrsg.) – Bern: P. Haupt Verlag, [im Druck].

CRAWFORD, N., 1995: Nitrate: nutirent and signal for plant growth. *The Platn Cell* **7**, 859-868.

DÄMMGEN, U.; WALKER, K.; GRÜNHAGE, L.; JÄGER, H.-J., 1998: The atmospheric sulphur cycle. In: *Sulphur in Agroecosystems.* E. Schnug (Hrsg.) – Dordrecht: Kluwer Academic Publishers, 75-114.

GUTIERREZ-MARCOS, J. F.; ROBERTS, M.; CAMPBELL, E. I.; WRAY, J. L., 1996: Three members of a novel small gene-family from *Arabidopsis thaliana* able to complement functionally an *Escherichia coli* mutant defective in PAPS reductase activity encode proteins with a thioredoxin-like domain and 'APS reductase' activity. *Proceedings of the National Academy Science (USA)* **93**, 13377-13382.

HELL, R., 1997: Molecular physiology of plant sulfur metabolism. *Planta* **202**, 138-148.

HELL, R.; BORK, C.; BOGDANOVA, N.; FROLOV, I.; HAUSCHILD, R., 1994: Isolation and characterization of two cDNAs encoding for compartment specific isoforms of *O*-acetylserine(thiol)lyase from *Arabidopsis thaliana. FEBS Letters* **351**, 257-262.

HELL, R.; SCHWENN, J. D.; BORK, C., 1997: Light and sulphur sources modulate mRNA levels of several genes of sulphate assimilation. In: *Sulphur Metabolism in Higher Plants: Molecular, Ecophysiological and Nutritional Aspects.* W. J. Cram, L. J. De Kok, I. Stulen, C. Brunold, H. Rennenberg (Hrsg.) – Leiden: Backhuys Publishers, 181-185.

HESSE, H.; LIPKE, J.; ALTMANN, T.; HÖFGEN, R., 1999: Molecular cloning and expression analysis of mitochondrial and plastidic isoforms of cysteine synthase (*O*-acetylserine(thiol)lyase) from *Arabidopsis thaliana. Amino Acids* **16**, 113-131.

JOST, R.; HELL, R., 1999: Regulation and expression of sulfate transporter genes in *Arabidopsis thaliana.* In: *Sulfur Nutrition and Sulfur Assimilation in Higher Plants: Molecular, Biochemical and Physiological Aspects.* C. Brunold, J.-C. Davidian, L. De Kok, H. Rennenberg, I. Stulen (Hrsg.) – Bern: P. Haupt Verlag [im Druck].

LEUSTEK, T.; SAITO, K., 1999: Sulfate transport and assimilation in plants. *Plant Physiology* **120**, 637-643.

LOGAN, H. M.; CATHALA, N.; GRIGNON, C.; DAVIDIAN, J.-C., 1996: Cloning of a cDNA encoded by a member of the *Arabidopsis thaliana* ATP sulfurylase multigene family. Expression studies in yeast and in relation to plant sulfur nutrition. *Journal of Biological Chemistry* **271**, 12227-12233.

MURILLO, M.; FOGLIA, R.; DILLER, A.; LEE, S.; LEUSTEK, T., 1995: Serine acetyltransferase from *Arabidopsis thaliana* can functionally complement the cysteine requirement of a *cysE* mutant strain of *Escherichia coli*. *Cellular and Molecular Biology Research* **41**, 425–433.

SMITH, F. W.; EALING, P. M.; HAWKESFORD, M. J.; CLARKSON, D. T., 1995: Plant members of a family of sulfate transporters reveal functional subtypes. *Proceedings of the National Academy Sciences (USA)* **92**, 9373-9377.

Rhizodeposition und Stoffverwertung.
10. Borkheider Seminar zur Ökophysiologie des Wurzelraumes.
Hrsg.: W. Merbach, L. Wittenmayer, J. Augustin. B. G. Teubner Stuttgart, Leipzig 2000, S. 86-90.

Bactris gasipaes H. B. K. (Pfirsichpalme): Besonderheiten der Morphologie und Anatomie der Wurzeln

Inga GÖLLNITZ, Petra MARSCHNER und Reinhard LIEBEREI
Institut für Angewandte Botanik der Universität Hamburg, Marseiller Straße 7, D-20355 Hamburg

Abstract

The peach palm multipurpose crop *Bactris gasipaes* H. B. K. found throughout tropical South and Central America is known to produce palmito, starch and oil-rich fruits. Despite the low nutrient availability in most tropical soils biomass production of *Bactris gasipaes* is high. It must be assumed that *Bactris gasipaes* has a high nutrient acquisition efficiency. The morphology and anatomy of the roots of *Bactris gasipaes* were examined here as these parameters may play an important role in nutrient acquisition. It was observed that the roots of *Bactris gasipaes* form a dense layer in the upper soil horizon (0 ... 30 cm) are coarse and form laterals up to the third order. Along the entire root length, the rhizodermis consists of globular cells with a diameter up to 100 µm and these cells do not form root hairs but form a large surface area which may explain the high nutrient acquisition efficiency of *Bactris gasipaes.*

Einleitung

Die Pfirsichpalme, *Bactris gasipaes* H. B. K., produziert große wohlschmeckende Früchte. Alexander von Humboldt (STARBATTY 1996) berichtet:

„Unter den 80 bis 90 Palmenarten, die ausschließlich der Neuen Welt angehören, ist bei keiner das Fruchtfleisch so außerordentlich stark entwickelt. [...] Indianer und Missionare erschöpfen sich im Lobe dieser herrlichen Palme, die man Pfirsichpalme nennen könnte und die wir überall [...] in Menge angebaut fanden."

Außer den Früchten, die reich an Stärke, essentiellen Aminosäuren und Fettsäuren sind (CLEMENT und ARKCOLL 1991), kann der zentrale Anteil der oberen Stammabschnitte als Palmkohl verwendet werden. Durch die frühzeitige Nutzung der Pflanze durch die Indianer wurde sie über den gesamten Kontinent verbreitet (MORA URPÍ 1993). Die Biomasseproduktion von *Bactris gasipaes* ist auch in solchen tropischen Böden, die durch eine geringe Nährstoffverfügbarkeit gekennzeichnet sind (IRION 1978), äußerst hoch. *Bactris gasipaes* scheint über Mechanismen zu verfügen, die eine ausreichende Nährstoffaufnahme für schnelle und hohe Biomasseproduktion erlauben. Neben physiologischen Charakteristiken können Morphologie und Anatomie der Wurzeln für die Aufnahme von Mineralstoffen eine wichtige Rolle spielen. Ziel der vorliegenden Arbeit war es, die bisher weitestgehend unbekannte Morphologie und Anatomie der Wurzeln von *Bactris gasipaes* zu untersuchen.

Material und Methoden

Untersucht wurden Wurzeln von wenige Tage alten bis hin zu drei Jahre alten *B. gasipaes* aus Gewächshauskulturen und aus Freilandanbau bei Manaus, Amazonas, Brasilien. Frische Wurzeln wurden in Formaldehyd (5 %), Essigsäure (56 %), Ethanol (5 %) und Wasser fixiert, in Formaldehyd-Dimethyl-Acetat entwässert und am kritischen Punkt (Balzers CPD 030) getrocknet. Es schloß sich die Bedampfung der Proben mit Gold (Balzers SCD 050) und die rasterelektronenmikroskopische Untersuchung (Zeiss DSM 940) an. Für die lichtmikroskopischen Untersuchungen wurden die Proben in Phosphatpuffer mit 0,5 % Glutaraldehyd fixiert und in Polyethylenglycol eingebettet (Gerlach 1984). Die Schnitte wurden Phloroglucin-Salzsäure gefärbt.

Ergebnisse und Diskussion

Das Wurzelsystem der juvenilen *Bactris gasipaes* verzweigt sich bis zur dritten Ordnung. Nicht alle Wurzeln zweiter Ordnung sind in der Lage, Seitenwurzeln zu erzeugen. Diese Wurzeln und diejenigen dritter Ordnung sind selten länger als 5 mm und im Durchmesser kleiner als 1 mm. Die Wurzeln erster Ordnung dagegen haben Durchmesser zwischen 2 mm und 7 mm. Ältere Pflanzen bilden in der Regel dichte Wurzelgeflechte im Oberboden.

Rasterelektronenmikroskopische Studien belegen, daß *Bactris gasipaes* keine Wurzelhaare bildet. Auch viele andere Palmenarten weisen keine Wurzelhaare auf, wobei es jedoch einige Arten mit Wurzelhaaren gibt (Tomlinson 1990, Seubert 1997). Statt dessen erinnert die Oberfläche aller Wurzeln von *Bactris gasipaes* – über die gesamte Länge gesehen – eine Struktur, die von Jourdan und Rey (1997) bei *Elaeis guineensis* Jacq. als Maiskolben-artig beschrieben wurde (Abb. 1).

Die Zellen der Rhizodermis besitzen eine leistenförmige Struktur auf ihrer Oberfläche, die jeweils quer zur Wurzelachse ausgerichtet ist. Quer- und Längsschnitte zeigen, daß die Wurzelrinde in Rhizodermis, Exodermis, äußere und innere Rinde und Endodermis gegliedert werden kann.

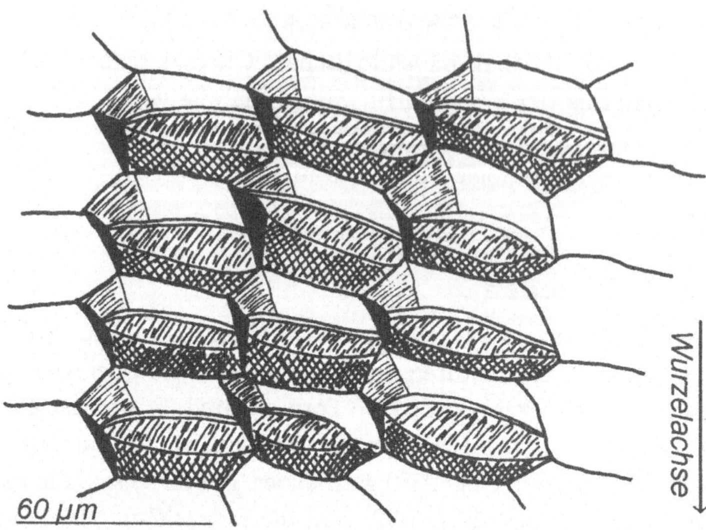

Abb. 1. Oberflächenschema der Rhizodermis von *Bactris gasipaes.*

Die Rhizodermis besteht aus einer Schicht großlumiger, versetzt zueinander angeordneter und spiralig um die Wurzellängsachse verlaufend locker aneinander geschmiegter Zellen (Abb. 2 und 3). Diese Zellen, die keine Wurzelhaare haben und seitlich nicht miteinander verwachsen sind, weisen im Querschnitt einen Durchmesser von minimal 20 µm bis maximal 100 µm auf. Sie sind in Längsrichtung der Wurzel leicht abgeplattet. Die Exodermis unter der Rhizodermis besteht aus isodiametrisch bis tetraedrischen, oft in Längsrichtung der Wurzel gestreckten Zellen und bildet die eigentliche Abschlußschicht. Die Zellwände dieser Schicht eng aneinanderliegender Zellen sind lignifiziert (in den Abb. 2 und 3 punktiert), so daß diese Schicht nach Peterson (1997) als Exodermis angesprochen werden kann. Die Rhizodermiszellen sitzen den Exodermiszellen auf. Die äußere Rinde besteht aus englumigen, bis zu 10 µm langen Zellen mit zum Teil stark verdickten Zellwänden, während die innere Rinde aus einem interzellularenreichem Gewebe mit großlumigen Zellen besteht. Die Endodermis wird von Zellen mit U-förmig verdickten Zellwänden gebildet.

Die Besonderheit der Wurzeln von *Bactris gasipaes* liegt in der speziellen Ausprägung der Rhizodermis. Obwohl sie keine Wurzelhaare bildet, weist die Wurzel aufgrund der seitlich nicht miteinander verwachsenen Rhizodermiszellen eine sehr große Oberfläche auf. Die Rhizodermiszellen sind auf nahezu der gesamten Wurzellänge erhalten. Das besonders in den tropischen Böden wichtige hohe Nährstoffanreicherungsvermögen von *Bactris gasipaes* kann daher zum Teil mit der großen

Wurzeloberfläche pro Längeneinheit erklärt werden. Unklar ist jedoch, ob und in welchem Maße die Rhizodermiszellen über die Wurzellänge physiologisch aktiv sind. Dieser Frage wird zur Zeit nachgegangen, ebenfalls wird derzeit die Mykorrhizierung bei diesen ungewöhnlichen Wurzeln untersucht.

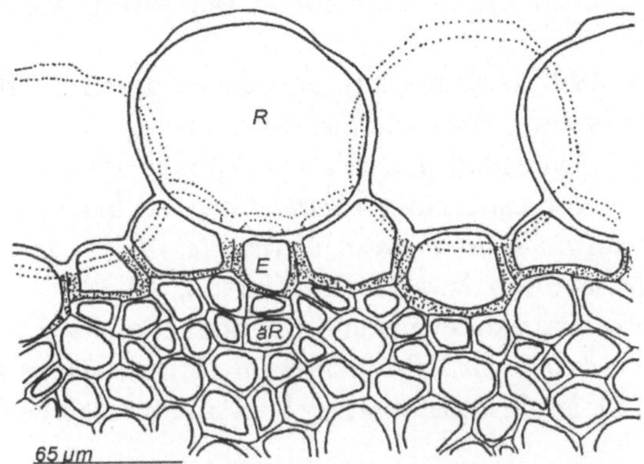

Abb. 2. Schematischer Querschnitt der Rhizodermis (*R*), Exodermis (*E*) (Lignifizierung punktiert) und äußere Rinde (*äR*) von *Bactris gasipaes*.

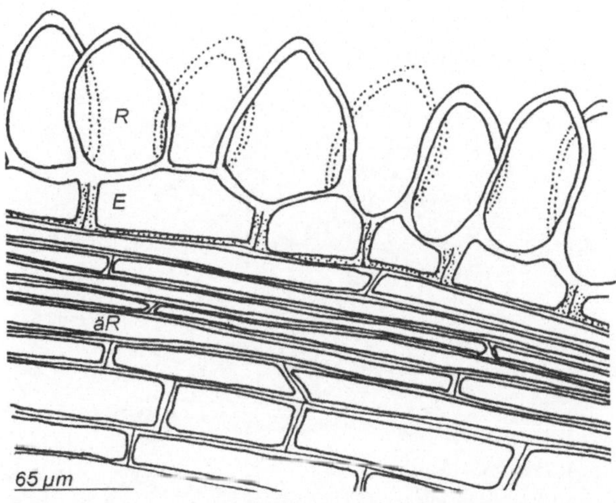

Abb. 3. Schematischer Längsschnitt der Rhizodermis (*R*), Exodermis (*E*) (Lignifizierung punktiert) und äußere Rinde (*äR*) von *Bactris gasipaes*.

Literaturverzeichnis

Clement, C. A.; Arkcoll, D. B., 1991: The pejibaye (*Bactris gasipaes* H.B.K, Palmae) as an oil crop: potential and breeding strategy. *Oléagineux* **46**, 293-299.

Gerlach, D., 1984: *Botanische Mikrotechnik*. New York: Georg Thieme Verlag.

Irion, G., 1978: Soil infertility in the Amazonian rain forest. *Naturwissenschaften* **65**, 515-519.

Jourdan, C.; Rey, H. 1997: Architecture and development of the oil-palm *Elaeis guineensis* Jacq. root system. *Plant and Soil* **189**, 33-48.

Mora Urpí, J., 1993: Diversidad genetica en Pejibaye *Bactris* (*Guilielma*) *gasipaes* Kunth II. Origen y Domesticación. *Cuarto Congreso Internacional sobre Biología, Agronomía e Industrialización del Pijuayo. Noviembre 1991 – Iquitos, Perú*. J. Mora Urpí, L. T. Szott, M. Murillo, V. M Patiño (Hrsg.), 21-30.

Peterson, C. A., 1997: The exodermis and its interactions with the environment. In: *Radical Biology: Advances and Perspectives on the Function of Plant Roots*. H. E. Flores, J. P. Lynch, D. M. Eissenstat (Hrsg.) – American Society of Plant Physiologists, 129-138.

Seubert, E., 1997: Root anatomy of palms: I. Coryphoideae. *Flora* **192**, 81-103.

Starbatty, J., 1996: Alexander von Humboldt: Die Reise nach Südamerika. – München: Lamuv Verlag, 321-322.

Tomlinson, P. B., 1990: The structural biology of palms. – Oxford: University Press.

4

Biologie der Rhizosphäre

Rhizodeposition und Stoffverwertung.
10. Borkheider Seminar zur Ökophysiologie des Wurzelraumes.
Hrsg.: W. Merbach, L. Wittenmayer, J. Augustin. B. G. Teubner Stuttgart, Leipzig 2000, S. 93-97.

Mikrobielle Biomasse und funktionelle Diversität von Mikroorganismen in der Rhizosphäre tropischer Nutzpflanzen Zentralamazoniens

Wolfgang MARINO, Petra MARSCHNER und Reinhard LIEBEREI
Institut für Angewandte Botanik der Universität Hamburg, Marseiller Straße 7, D-20355 Hamburg

Abstract

Microbial biomass, activity and community structure in the rhizosphere of *Theobroma grandiflorum* and *Bactris gasipaes* were investigated in two important crop plants in sustainable agriculture in Brazil, during rainy and dry season. The microbial biomass was measured by fumigation-extraction method and active microbial fraction was determined by the basal respiration without substrate addition. The patterns of potential C-source utilization by microbial communities were assessed with the Biolog® microplates. Our results indicate that the relative concentrations of microbial biomass and the active microbial fractions were higher in the rainy than in the dry season, showing thereby decreased C-assimilation efficiency in the dry season. Plant species had no effect on these said parameters. However, distinctive patterns of C source utilization were apparent for rhizosphere microbial populations from *Theobroma grandiflorum* and *Bactris gasipaes* in the rainy season.

Einleitung

Mikroorganismen spielen eine zentrale Rolle bei der Mineralisierung organischer Substanz und im Nährstoffrecycling. Es gibt nur wenig Informationen über mikrobielle Biomassen und Aktivitäten (LUIZÃO *et al.* 1992, FEIGL *et al.* 1995) und keine über die funktionelle Diversität von Mikroorganismen in tropischen Böden.

Das Ziel der Studie war der Vergleich der mikrobiellen Biomassen, Aktivitäten sowie der Zusammensetzung der mikrobiellen Gemeinschaften im oberen Mineralbodenhorizont in der Regen- und Trockenzeit bei zwei Pflanzenarten eines Polykultursystems in der Nähe von Manaus/Zentralbrasilien.

Material und Methoden

Die vorliegende Studie ist Teil des SHIFT-Projektes („Rekultivierung degradierter, brachliegender Monokulturflächen in ausgewogene Mischkulturflächen unter besonderer Berücksichtigung bodenbiologischer Faktoren"), das in Manaus/Zentralbrasilien angesiedelt ist. Die Proben wurden aus einem Polykultursystem in 0 ... 5 cm Bodentiefe aus den Rhizosphären von *Theobroma grandiflorum* (Willd ex Spreng.) Schum. und *Bactris gasipaes* H. B. K. entnommen. Von jeweils drei Pflanzen einer Art wurden innerhalb jeder Jahreszeit insgesamt 27 Proben entnommen, auf 2 mm gesiebt und direkt nach der Probenahme vor Ort verarbeitet.

Die Bestimmung der mikrobiellen Biomassen wurde nach der Fumigations-Extraktions-Methode (Vance 1987) mit dem von Feigl *et al.* (1995) vorgeschlagenen Korrekturfaktor von K_{EC} 0,25 durchgeführt. Die Bestimmung der metabolischen Aktivität erfolgte durch Messung der Basalatmung (Anderson und Domsch 1978) ohne Zugabe von Glucose. Der Feuchtegehalt der Proben wurde auf 40 % der maximalen Wasserhaltekapazität eingestellt. Die Messungen der Basalatmung wurden mit einem „continous flow-through"-System mit einem Infrarotgasanalysator (IRGA) unter kontrollierten Temperaturbedingungen durchgeführt.

Die Bestimmung der Substratnutzungsmuster erfolgte mit Hilfe von BiologGN-Mikrotiterplatten. Von den vorhandenen 95 Kohlenstoffquellen wurden 40 ausgewählt, die als Bestandteile von Wurzelexsudaten bekannt sind (Insam 1997, Campbell *et al.* 1997). Nach der Probennahme wurden die Mikrotiterplatten direkt mit der verdünnten Bodenlösung (10^{-2}) inokuliert. Nach 24 Stunden wurde das Substratnutzungsmuster aufgenommen. Zur Vermeidung von Einflüssen der Inokulumsdichte auf das Substratnutzungsmuster wurden die Werte ensprechend dem AWCD (Zak *et al.* 1994) normalisiert. Die statistische Auswertung der Substratnutzungsmuster erfolgte mit Hilfe der Hauptkomponentenanalyse.

Ergebnisse und Diskussion

Mikrobielle Biomassen

In der Regenzeit waren die mikrobiellen Biomassen um den Faktor 15 höher als in der Trockenzeit (Abb. 1). Es ergaben sich keine Unterschiede zwischen den Pflanzenarten. Ähnlich hohe mikrobielle Biomassen wurden von Luizão *et al.* (1992) für Oberböden an Waldstandorten festgestellt. In Agroforstsystemen der Tropen ist nichts über die mikrobiellen Biomassen unterhalb von Nutzpflanzen bekannt.

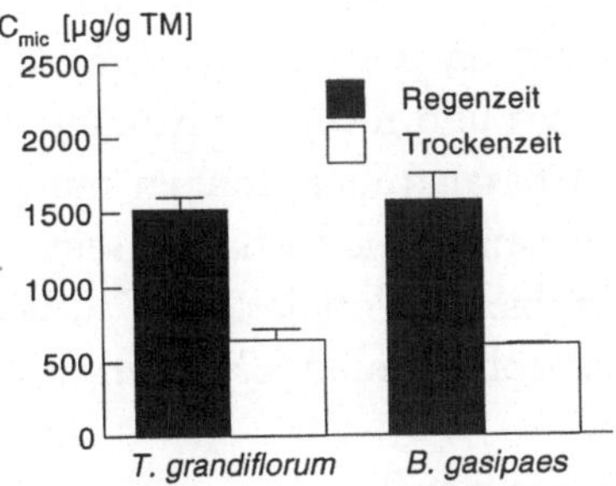

Abb. 1. Mikrobielle Biomassen in der Rhizosphäre in 0...5 cm Bodentiefe bei *Theobroma grandiflorum* und *Bactris gasipaes* in der Regen- und Trockenzeit.

Basalatmung der Mikroorganismen

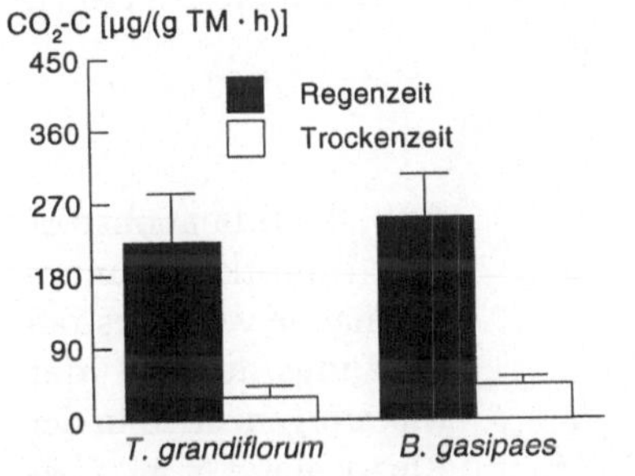

Abb. 2. Atmungsaktivität der Mikroorganismen in der Rhizosphäre in 0...5 cm Bodentiefe bei *Theobroma grandiflorum* und *Bactris gasipaes* in der Regen- und Trockenzeit.

qCO2 [µg CO2-C/(µg Cmic · h)]
0,3
0,2
0,1
0
Regenzeit
Trockenzeit
T. grandiflorum
B. gasipaes

Abb. 3. Metabolischer Quotient für CO_2 (qCO_2) in der Rhizosphäre in 0...5 cm Bodentiefe bei *Theobroma grandiflorum* und *Bactris gasipaes* in der Regen- und Trockenzeit.

Die Basalatmung war in der Regenzeit höher als in der Trockenzeit (Abb. 2). In der Regenzeit war die Atmungsaktivität in der Rhizosphäre von *Theobroma grandiflorum* um das Achtfache und in der Rhizosphäre von *Bactris gasipaes* um das Sechsfache höher als in der Trockenzeit.

Metabolischer Quotient in der Regen- und Trockenzeit

Der metabolische Quotient liefert eine Aussage über den aktiven Anteil der mikrobiellen Biomasse an der gesamten mikrobiellen Biomasse. Je niedriger der Wert ist, desto mehr wird durch die aktive Mikroflora in den Aufbau von Biomasse investiert. Das bedeutet, daß bei niedrigen qCO_2-Werten die vorhandenen Kohlenstoffquellen effektiver für die Vermehrung der bakteriellen Populationen genutzt werden als bei hohen qCO_2-Werten. Der metabolische Quotient war in der Regenzeit höher als in der Trockenzeit (Abb. 3). In der Trockenzeit ist also die Kohlenstoffnutzung effizienter als in der Regenzeit, da die vorhandenen Kohlenstoffquellen zur Bildung von mikrobieller Biomasse und nicht zur Atmung verwendet wendet werden. Mikrobielle Biomasse und Basalatmung können nur ein grobes Maß für die Charakterisierung der mikrobiellen Gemeinschaften sein. Um einen Einblick in die Zusammensetzung der mikrobiellen Populationen zu bekommen, wurde das Substratnutzungsmuster der Rhizosphärenmikroorganismen untersucht.

Substratnutzungsmuster der Mikroorganismen

Nur in der Regenzeit waren die Substratnutzungsmuster von *Theobroma grandiflorum* und *Bactris gasipaes* unterschiedlich. Die Hauptkomponentenanalyse zeigt daher eine klare Differenzierung zwischen diesen beiden Arten (Abb. 4A). In der Trokkenzeit ist eine solche Differenzierung zwischen den beiden Pflanzenarten dagegen nicht erkennbar (Abb. 4B).

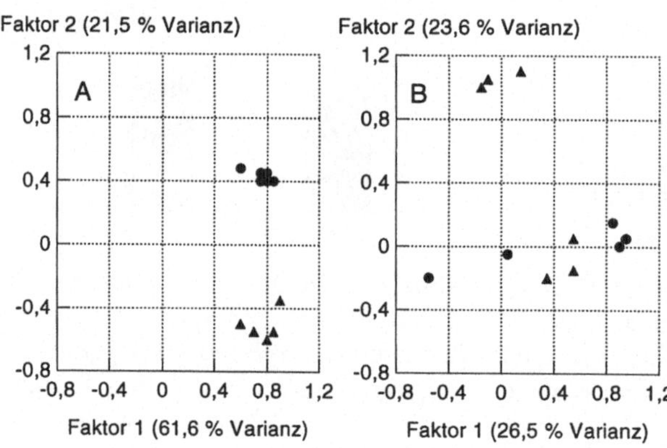

Abb. 4. Ordinationsplot der Hauptkomponentenanalyse von Substratnutzungsmustern der Mikroorganismen in der Rhizosphäre von *Theobroma grandiflorum* (▲) und *Bactris gasipaes* (•) in der Regen- (A) und Trockenzeit (B).

Während also in der Regenzeit die Substratnutzungsmuster charakteristisch für die Pflanzenarten sind, ist in der Trockenzeit keine Zuordnung zu den Pflanzenarten möglich. Die Substratnutzungsmuster sind in der Regenzeit charakteristisch für die untersuchten Pflanzenarten. Sie spiegeln die unterschiedliche Zusammensetzung der vermutlich dominanten Mikroorganismenarten wider. Unterschiede in den Substratnutzungsmustern und damit in der Zusammensetzung der mikrobiellen Gemeinschaften bei verschiedenen Pflanzenarten wurden ebenfalls von GRAYSTON *et al.* (1998) in gemäßigtem Klima beobachtet.

Danksagung

Die Arbeit wurde im Zusammenhang mit dem SHIFT-Projekt (0339457 B), gefördert durch BMBF und CNPq (Brasilien), durchgeführt.

Literaturverzeichnis

ANDERSON, J. P. E.; DOMSCH, K. H., 1978: A physiological method for the quantitative measurement for microbial biomass in soil. *Soil Biology and Biochemistry* **10**, 215-221.

CAMPBELL, C. D.; GRAYSTON, S. J.; HIRST, D., 1997: Use of rhizosphere C sources in sole C source tests to discriminate soil microbial communities. *Journal of Microbiological Methods* **30**, 33-41.

FEIGL, B. J.; SPARLING, G. P.; ROSS, D. J.; CERRI, C. C., 1995: Soil microbial biomass in amazonian soils: evaluation of methods and estimates of pool sizes. *Soil Biology and Biochemistry* **27**, 1467-1472.

GRAYSTON, S. J.; WANG, S.; CAMPBELL, C. D.; EDWARDS, A. C., 1998: Selective influence of plant species on microbial diversity in the rhizosphere. *Soil Biology and Biochemistry* **30**, 369-378.

INSAM, H., 1997: A new set of substrates proposed for community characterization in environmental samples. In: *Microbial Communities: Functional Versus Structural Approaches*. H. Insam, A. Rangger (Hrsg.) – Berlin: Springer Verlag, 259-260.

LUIZÃO, R. C. C.; BONDE, T. A.; ROSSWALL, T., 1992: Seasonal variation of soil microbial biomass – the effects of clearfelling a tropical rainforest and establishment of pasture in the central amazon. *Soil Biology and Biochemistry* **24**, 805-813.

LUIZÃO, R. C. C.; COSTA, E. S.; LUIZÃO, F. J., 1999: Mudanças na biomassa microbiana e nas transformações de nitrogênio do solo em uma sequência de idades de pastagens após derruba e queima da floresta na Amazônia Central. *Acta Amazonica* **29**, 43-56.

VANCE, E. D.; BROOKES, P. C.; JENKINSON, D. S., 1987: Microbial biomass measurements in forest soils: determination of k_C values and tests of hypotheses to explain the failure of the chloroform fumigation-incubation method in acid soils. *Soil Biology and Biochemistry* **19**, 689-696.

ZAK, J. C.; WILLIG, M. R.; MOORHEAD, D. L.; WILDMAN, H. G., 1994: Functional diversity of microbial communities: a quantitative approach. *Soil Biology and Biochemistry* **26**, 1101-1108.

Rhizodeposition und Stoffverwertung.
10. Borkheider Seminar zur Ökophysiologie des Wurzelraumes.
Hrsg.: W. Merbach, L. Wittenmayer, J. Augustin. B. G. Teubner Stuttgart, Leipzig 2000, S. 98-102.

Verwendung der „Denaturierenden Gradienten-Gelelektrophorese“ (DGGE) zur Erfassung der mikrobiellen 16S-rDNA-Diversität in der Rhizosphäre

Petra MARSCHNER
Institut für Angewandte Botanik der Universität Hamburg, Marseiller Straße 7, D-20355 Hamburg

Abstract

Bacterial species can be separated according to the GC content of a highly variable region of the 16S ribosomal DNA using denaturing gradient gel electrophoresis (DGGE). This region is amplified with specific primers in a polymerase chain reaction (PCR) and amplification products are then loaded on the DGGE gel. The concentration of denaturants increases from the top to the bottom of the gel. While double-stranded DNA can migrate in the gel, gel denatured, *i. e.* partially opened DNA can no longer migrate and forms a band. Due to the presence of three hydrogen bonds between G and C compared to the two hydrogen bonds between A and T, GC-rich sequences are more stable. Thus, GC-rich sequences migrate further in the gel than GC-poor sequences. As bacterial species differ in the GC content of the amplified region, a characteristic band pattern is formed according to the species composition. After digitalisation, these patterns can be compared statistically. Our studies indicate that in barley not only root zones differ in the compostion of the bacterial population in the rhizosphere but also the iron status of the plant strongly influences the species composition.

Einleitung

Zur Ermittlung der Mikroorganismenpopulationen in der Rhizosphäre gibt es verschiedene Methoden. Traditionell wurden Bodensuspensionen auf verschiedene Nährmedien ausgebracht und anschließend die Zahl der Kolonien gezählt oder einzelne Kolonien morphologisch und physiologisch untersucht. Diese Methode wurde durch die Verwendung von Biolog-Platten weiterentwickelt (GARLAND 1997). Ein großer Nachteil dieser Verfahren ist, daß sie auf dem Wachstum der Mikroorganismen beruhen, das heißt, daß diese das angebotene Substrat verwenden können. Es gibt jedoch Hinweise darauf, daß nur ca. 1 ... 5 % der vorhandenen Mikroflora bei solchen kulturabhängigen Verfahren erfaßt werden (VAN ELSAS und

Van Overbeek 1993). Die nicht erfaßten Mikroorganismen haben entweder sehr spezifische Substratansprüche oder befinden sich in einem Ruhestadium. Daher werden nun auch verstärkt kulturunabhängige Methoden bei der Untersuchung von Mikroorganismenpopulationen angewendet. Neben der Fettsäuremethylesteranalyse (Cavigelli *et al.* 1995) werden auch zunehmend molekulargenetische Methoden angewandt. Von den verschiedenen Methoden soll hier die denaturierende Gradienten-Gelelektrophorese näher vorgestellt werden.

Methodik

Zunächst wird die Gesamt-DNA aus dem Boden isoliert. Diese beinhaltet (je nach Extraktionsverfahren) die bakterielle, pilzliche und auch pflanzliche DNA. Bei der anschließenden Polymerase-Kettenreaktion (*polymerase chain reaction* — PCR) werden bestimmte Bereiche gezielt amplifiziert, wie z. B. durch Verwendung von spezifischen Primern für die ribosomale16S-DNA von Bakterien. Die Primer setzen an solchen Bereichen der DNA an, die typisch für Bakterien im allgemeinen sind. Sie umschließen jedoch einen Bereich, der eine große Variabilität innerhalb der Bakterien aufweist und ca. 200 Basenpaare lang ist. Dadurch ist die Sequenz der amplifizierten DNA-Stücke charakteristisch für einzelne Spezies.

Die Amplifikationsprodukte der PCR werden in der DGGE analysiert. Bei dem DGGE-Gel nimmt sowohl die Harnstoff- als auch die Formamidkonzentration (als denaturierende Agentien) in Laufrichtung von oben nach unten zu (Muyzer *et al.* 1998). DNA-Fragmente mit einem hohen GC-Gehalt sind stabiler als solche mit einem geringen GC-Gehalt, da Guanin und Cytosin über drei Wasserstoffbrücken verbunden sind, während zwischen Adenin und Thyrosin nur zwei Wasserstoffbrücken vorhanden sind. Nicht denaturierte, d. h. Doppelstrang-DNA-Fragmente wandern ungehindert durch das Gel, während denaturierte und damit aufgeweitete DNA-Stücke nicht mehr weiter wandern und es so zur Bildung von Banden kommt. Fragmente mit hohem GC-Gehalt wandern demnach weiter als solche mit einem geringen GC-Gehalt. Bei Bodenproben resultiert daraus ein charakteristisches Bandenmuster, wobei jede Bande im Prinzip eine Spezies darstellt. Die Bandenmuster können nach Digitalisierung mit Hilfe von statistischen Verfahren (Ordination) verglichen werden. Weiterhin besteht die Möglichkeit nach Klonierung und Sequenzierung einzelner Banden die Mikroorganismenspezies zu bestimmen.

Bakterienpopulationen in der Rhizosphäre von Gerste

Die Ergebnisse solcher DGGE-Analysen sind in den Abb. 1 und 2 dargestellt. Gerste wurde in einem Boden mit geringer Fe-Verfügbarkeit angezogen, wobei die eine Hälfte der Pflanzen über eine Blattdüngung mit Fe versorgt wurde. Es wurden Proben aus verschiedenen Wurzelbereichen untersucht. Das digitatlisierte Bandenmuster (Abb. 1) zeigt, daß sich Populationen der Rhizosphärenbakterien innerhalb eines Wurzelsystems stark unterscheiden.

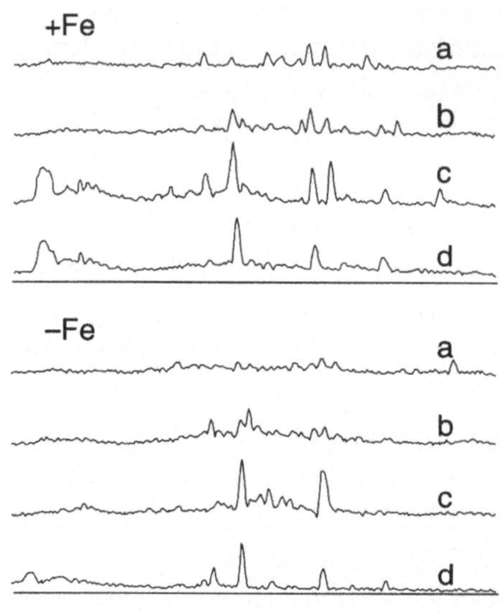

Abb. 1. Digitales Bandenmuster der Rhizosphärenpopulation von Gerste in verschiedenen Wurzelzonen: a) alte Wurzel, b) Seitenwurzelzone, c) nichtwachsende Wurzelspitze und d) neue Wurzelspitze bei Eisenblattdüngung (+Fe) und bei Eisenmangel (-Fe).

So ist die Zahl der Banden und damit der Spezies an der Wurzelspitze höher als in der Seitenwurzelzone. Außerdem kommen einzelne Banden nur in bestimmten Wurzelzonen vor. Unterschiede in der Zahl und der Lage der Banden werden auch zwischen den ausreichend versorgten Pflanzen und den Eisenmangelpflanzen sichtbar. Die Bandenmuster einzelner Wurzelspitzen unterscheiden sich dagegen kaum voneinander (Daten nicht gezeigt). Die Hauptkomponentenanalyse zeigt, daß sich das Bandenmuster der Eisenmangelpflanzen signifikant von dem der Kontrollpflanzen unterschied (Abb. 2).

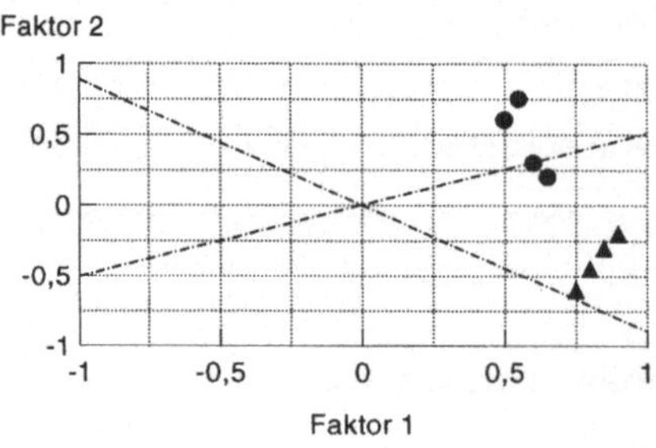

Abb. 2. Hauptkomponentenanalyse der Rhizosphärenpopulation von Gerste bei Eisenblattdüngung; Kontrolle: (•) und Eisenmangel (▲).

Bei der Sequenzierung einzelner dominanter Banden wurden u. a. *Nitrosococcus* und *Aureobacterium* sp. identifiziert. Die Sequenz einiger Banden entsprach jedoch keinem der bekannten Bakterienspezies. Dies deutet daraufhin, daß eine große Zahl von bisher nicht bekannten Bakterien im Boden vorhanden ist. Außerdem scheinen andere Spezies in der Rhizosphäre zu dominieren, als durch kulturabhängige Methoden ermittelt wurde. Denn bei diesen machen oft Pseudomonaden die häufigsten Isolate aus.

Vor- und Nachteile der Methode

Die Ergebnisse zeigen, daß mit Hilfe der DGGE Unterschiede in der Zusammensetzung der Rhizosphärenmikroflora ermittelt werden können. Die Methode hat eine ganze Reihe von Vorteilen gegenüber anderen Methoden:

- Sie ist kulturunabhängig, d. h. auch nichtkultivierbare Organismen werden erfaßt.
- Die Zusammensetzung der Mikroflora kann qualitativ untersucht werden.
- Die Ergebnisse sind nach der Digitalisierung auch statistisch ausgewertbar.
- Die Sequenzierung der Banden erlaubt eine Bestimmung der Mikroorganismenspezies.
- Durch die Verwendung spezifischer Primer können ganz bestimmte Mikroorganismengruppen untersucht werden, z. B. physiologische Gruppen wie Sulfatreduktanten oder N_2-Fixierer.

Trotz dieser Vorteile gibt es auch einige Einschränkungen bei der DGGE. Zu diesen gehören:

- Die DNA-Isolierung aus dem Boden muß effizient und repräsentativ sein.
- Einzelne Banden können mehrere Spezies enthalten oder die DNA einer Spezies kann zu mehreren Banden führen, d. h. die Zahl der Spezies wird unter Umständen unter- oder überschätzt.
- Der Gradient muß reproduzierbar sein, bzw. es muß eine geeignete Standardisierung gefunden werden.
- Das Verfahren ist stark abhängig von der exakten Reproduzierbarkeit der PCR.

Aus der Abhängigkeit von der PCR ergeben sich weitere Konsequenzen. Die Primer können selektiv sein, dadurch können bestimmte Sequenzen stärker amplifiziert werden als andere. So kann eine starke Bande die Dominanz einer Spezies vortäuschen. Eine Aussage über die Dominanz einer Spezies *in situ* ist also nicht möglich. Weiterhin besteht immer die Gefahr von Fehlern bei der Amplifikation.

Schlußfolgerungen

Mit der denaturierenden Gradienten-Gelelektrophorese können Mikroorganismenpopulationen miteinander verglichen werden. Allerdings ist es mit der DGGE allein nur möglich festzustellen, ob sich die Populationen unterscheiden oder nicht. Eine anschließende Sequenzierung und damit Identifizierung der Spezies ist sehr zeit- und arbeitsaufwendig.

Die denaturierende Gradienten-Gelelektrophorese stellt eine wichtige Ergänzung zu den bisher verwendeten, meist kulturabhängigen Verfahren dar. Im Normalfall sollte sie mit anderen Methoden kombiniert werden.

Literaturverzeichnis

Cavigelli, M. A.; Roberton, G. P.; Klug, M. J., 1995: Fatty acid methyl ester (FAME) profiles as measures of soil microbial community structure. *Plant and Soil* **170**, 99-113.

Garland, J. L., 1997: Analysis and interpretation of community-level physiological profiles in microbial ecology. *FEMS Microbiology Ecology* **24**, 289-300.

Muyzer, G.; Brinkhoff, T.; Nübel, U.; Santegoeds, C.; Schäfer, H.; Wawer, C., 1998: Denaturing gradient gel electrophoresis (DGGE) in microbial ecology. In: *Molecular Microbial Ecology Manual.* D. L. Akkermans, J. D. van Elsas, F. J. de Bruijn (Hrsg.) – Dordrecht: Kluwer Academic Publishers. 3.4.4/1-4/27

Van Elsas, J. D.; Van Overbeek, L. S., 1993: Bacterial responses to soil stimuli. In: *Starvation in Bacteria.* S. Kjelleberg (Hrsg.) – New York: Plenum Press, 55-79.

Rhizodeposition und Stoffverwertung.
10. Borkheider Seminar zur Ökophysiologie des Wurzelraumes.
Hrsg.: W. Merbach, L. Wittenmayer, J. Augustin. B. G. Teubner Stuttgart, Leipzig 2000, S. 103-109.

Neue diazotrophe Bakterien aus den Rohstoffpflanzen *Miscanthus sinensis* und *Pennisetum purpureum*

Barbara ECKERT*, Gudrun KIRCHHOF*, Marion STOFFELS*, José Ivo BALDANI‡, Olmar BALLER-WEBER‡ und Anton HARTMANN*
*GSF – Forschungszentrum für Umwelt und Gesundheit, Institut für Bodenökologie, Ingolstädter Landstraße 1, D-85764 Neuherberg/München; ‡EMBRAPA – Centro National de Pesquisa Agrobiologia (CNPAB), Seropedica, CEP 23851-970, Rio de Janeiro, Brasilien

Abstract

Diazotrophic bacteria were isolated from two C4-energy crops, *i. e.*, *Miscanthus sinensis* and *Pennisetum purpureum* using semisolid, nitrogen free media. Up to 10^6 diazotrophic bacteria per gram root fresh weight were determined using the MPN-approach. Among other soil bacteria, *Azospirillum* and *Herbaspirillum* isolates were also obtained, which were partially identified as known species. Therefore, the 16S rDNA of representative isolates were sequenced and new specifically binding 16S rRNA binding oligonucleotide probes were developed. Two new species of diazotrophic bacteria, *Azospirillum doebereinerae* sp. nov., and *Herbaspirillum frisingense* sp. nov. were identified on the basis of the results of the 16S-rDNA sequences, hybridization with the new probes and physiological tests. Using monospecific polyclonal antibodies, *A. doebereinerae* 'GSF71' was located at the rhizoplane, while *H. frisingense* 'Mb11' was able to enter the roots and to colonize the root interior (intracellular spaces and dead cells in the root cortex and vascular system).

Einleitung

Wurzel-assoziierte, N_2-fixierende (diazotrophe) Bakterien ziehen seit den siebziger Jahren das wissenschaftliche und agronomische Interesse auf sich. Dahinter steht die Erwartung, daß durch eine bessere Kenntnis dieser Pflanzen-assoziierten Bakterien ein Beitrag zur einer möglichen biologischen Stickstoffixierung auch bei Nichtleguminosen, wie z. B. Nutzgräsern wie Weizen, Reis, Mais, Zuckerrohr und Sorghum, erwachsen könnte. Bisher wurden zahlreiche N_2-fixierende Arten der Gattungen *Azospirillum*, *Herbaspirillum*, *Azoarcus* sowie *Acetobacter diazotrophicus*, *Pantoea agglomerans* und *Burkholderia* sp. (HARTMANN *et al.* 2000) beschrieben. Obwohl mit sorgfältigen N-Bilanzmessungen und ^{15}N-Isotopenmessungen bei einigen Zuckerrohrsorten eine Stickstoffversorgung der Pflanzen von bis zu 80 % aus biologischer Stickstoffixierung gezeigt werden konnte (BODDEY *et al.* 1995), ist bisher kein eindeutiger Nachweis über den Mechanismus und die tatsächlich beteiligten diazotrophen Bakterien geführt worden. Kürzlich konnte gezeigt werden, daß bei Inokulation von axenischen Zuckerrohrpflanzen mit Nitrogenase-Defektmutanten von *Acetobacter diazotrophicus* ‚PAL3' eine Wachstumsstimulierung ausbleibt, während eine Stimulierung mit Wildtypbakterien in der Stickstoffmangelvariante nachweisbar war (SEVILLA *et al.* 1998). In vielen Beimpfungsversuchen wurden reproduzierbare morphologische Effekte auf das Wurzelsystem und ein stimulierende Wirkung auf das Wachstum und den Ertrag der Gesamtpflanzen in unterschiedlichem Ausmaß (5 ... 15 %) gefunden. Diese Effekte gehen wahrscheinlich auf phytohormonelle Wechselwirkungen zurück; tatsächlich wurde in vielen der Wurzel-assoziierten diazotrophen Bakterien eine Biosynthese und Ausscheidung von Auxinen (z. B. Indolessigsäure) und Gibberellinen nachgewiesen (HARTMANN *et al.* 1983). Innerhalb der Arten diazotropher Bakterien gibt es eine beachtliche Variation ökophysiologischer Eigenschaften (HARTMANN 1988) und des Kolonisierungsverhaltens einzelner Isolate. So sind einige Isolate von *Azospirillum brasilense* (z. B. der Stamm ‚Sp245') zu einer effektiven Kolonisierung des Wurzelinneren fähig (SCHLOTER und HARTMANN 1998). Es wird angenommen, daß eine endophytische Besiedlung von Pflanzenwurzeln eine aussichtsreiche Strategie zur Erreichung möglichst enger Wechselwirkungen und produktiver Wachstumsstimulierung ist. In den letzten Jahren wurden zahlreiche sogenannte Pflanzen-endophytische diazotrophe Bakterien gefunden, welche teilweise sogar die Pflanzen sytemisch besiedeln (HARTMANN *et al.* 2000). Sind dies leistungsfähigere Kandidaten für eine effektive N_2-Fixierung bei Nichtleguminosen?

Gerade bei den C4-Pflanzen *Miscanthus sinensis* (Chinaschilf) und *Pennisetum purpureum* (Elefantengras), welche für die Rohstoff- und Faserproduktion sowie für eine nachhaltige, nichtfossile Energieproduktion genutzt werden, ist ein energieschonender Anbau von besonderer Bedeutung. Das Wachstum und der Ertrag (40 ... 60 t/ha) dieser Pflanzen erwies sich als relativ unabhängig von einer zusätzlichen mineralischen Stickstoffdüngung. Bei N-Bilanzmessungen und Markierungen mit ^{15}N-markiertem Stickstoffdüngung ergab sich ein Defizit in der Stickstoffernährung, der auf einen Eintrag durch N_2-Fixierung hinweisen könnte (CHRISTIAN *et al.* 1997). Deshalb wurde der Versuch unternommen, die Populationen diazotropher Bakterien in diesen Rohstoffpflanzen zu erfassen.

Material und Methoden

Wurzeln von *Miscanthus sinensis* wurden von einem Feld der LBP (Bayerische Landesanstalt für Bodenkultur und Pflanzenanbau), Freising - Weihenstephan, mit *Miscanthus*-Anbau seit 1990, geholt; Wurzeln von *Pennisetum purpureum* stammen vom EMBRAPA – Centro National de Pesquisa de Agrobiologia, Seropedica, Rio de Janeiro, Brasilien. Diazotrophe Bakterien wurden in N-freien, semisoliden Medien Nfb, JNFb, LGI und IMV angereichert und isoliert (Döbereiner 1995). Die Populationsdichte diazotropher Bakterien wurde mit der MPN-Methode in diesen N-freien Medien bestimmt, wobei die Ausbildung einer typischen Wachstumsschicht (Pellikel) unter der Agaroberfläche typisch ist. Die Bestimmung des GC-Gehaltes der Bakterienisolate wurde nach der thermischen Denaturierungsmethode von Johnson (1989) durchgeführt. Ausgehend von der 16S-rDNA-Sequenz der Bakterisolate, wurden Oligonukleotidsonden für die direkte Ganzzell-Hybridisierung mit Hilfe der „probe-design"-Software ARB (Strunk und Ludwig 1997) entwickelt. Hybridisierungsexperimente von zellulärer RNA mit rRNA-gerichteten Oligonukleotidsonden wurde entweder nach der Methode von Kirchhof und Hartmann (1992) auf Filtermembranen als *dot-blot*-Ansätze oder mit mit fluoreszenzmarkierten Sonden und fixierten Zellen (Snaidr *et al.* 1997) durchgeführt.

Ergebnisse und Diskussion

Besiedlungsdichte diazotropher Bakterien in *Miscanthus*

Gewaschene Wurzeln wurden in 4,0%iger Saccharoselösung gemörsert, das Macerat in einer 10er Verdünnungsreihe verdünnt und damit semisolides NFb-Medium (Döbereiner 1995) angeimpft. Abhängig vom Wachstumsstadium der Pflanze wurden 10^2 bis 10^6 Bakterien pro Gramm Frischmaterial durch die höchste Verdünnung, die noch ein Pellikelwachstum ergab, bestimmt. Dies entspricht dem Vorkommen von endophytischen Bakterien in anderen Pflanzen (Olivares *et al.* 1996).

Neue *Azospirillum*-Spezies, *Azospirillum doebereinerae* sp. nov.

Auf NFb-Medien wurden insgesamt 14 Isolate von *Azospirillum* isoliert. Mit Hilfe von 23S-rRNA gerichteten Oligonukleotidsonden „Azo" und „Alip" (Kirchhof und Hartmann 1992) konnte nur ein Teil der Isolate als *Azospirillum lipoferum* identifiziert werden; der Großteil der Isolate war durch keine der bisher entwickelten artspezifischen Oligonukleotidsonden für *Azospirillum* identifizierbar. Deshalb wurde ca. 1300 Basenpaare der 16S-rDNA des Isolats ‚GSF71' nach PCR-Amplifikation mit den Primern ‚63f' und ‚1387r' (Marchesi *et al.* 1998) amplifiziert und das Amplifikat von Eurogentec (Seraing, Belgien) sequenziert. Nach der Auswertung von ca. 6000 publizierten homologen Sequenzen wurden die Oligonukleotidsonden „Adoeb1" und „Adoeb2" mit Hilfe des Programms „probe design" des Software-Pakets ARB von STRUNK und LUDWIG (1997) entworfen, die eine Zuordnung der neuen Isolate zu einer neuen Gruppe von *Azospirillum* erlaubte. 16S-rDNA-Sequenzen ergaben eine Homologie von 96,6 % zu *Azospirillum lipoferum* und *A. largomobile* und 95,9 % zu *A. brasilense*. Der Molprozent-GC-Gehalt ist in Übereinstimmung mit den anderen *Azospirillum* spp. um 70 % (70,6 %). Die Isolate sind pleomorph (gekrümmte kurze Stäbchen bzw. lang und S-förmig – je nach Wachstumsbedingungen), 1,0 ... 1,5 µm breit und 2,0 ... 30 µm lang und auf Grund einer polaren Geißel sehr beweglich. Die Gram-negativen Zellen haben ein Temperaturoptimum von 30 °C und einen optimalen Wachstumsbereich zwischen *p*H 6,0 und 7,0. Bei 37 °C findet kein Wachstum statt. Die Stickstoffixierung dieser neuen Bakterienart wurde mit Hilfe des Acetylenreduktionstests auf 100 nmol Ethylen/(h · 10^8 Zellen) bei 30 °C betimmt. Die Anwesenheit des *nifD*-Gens wurde mit universellen *nifD*-Primern (STOLTZFUS *et al.* 1997) in einer spezifischen PCR-Reaktion demonstriert. Die Expression der Nitrogenase-Reduktase bei N-Mangelbedingungen wurde mit einem polyklonalen Antiserum gegen die Nitrogenase-Reduktase von *Rhodospirillum rubrum* und *Azotobacter vinelandii* (Dr. P. W. Ludden, UW-Madison, Wisconsin, USA) nachgewiesen. Die Zellen haben einen respiratorischen Stoffwechsel und wachsen gut mit Arabinose, D-Fructose, Gluconsäure, Glucose, Äpfelsäure, Mannit, Mannitol und Sorbitol. Von *A. largomobile* und *A. lipoferum* sind sie durch das fehlende Wachstum auf *N*-Acetylglucosamin und D-Ribose und von *A. brasilense* durch ihr Wachstum mit D-Mannitol und D-Sorbitol als einziger Kohlenstoffquelle zu unterscheiden. Im Unterschied zu *A. lipoferum* wachsen sie unabhängig von Biotin. In Anerkennung der bahnbrechenden Beiträge von Dr. Johanna Döbereiner bei der Entdeckung vieler neuer diazotropher Bakterien schlagen wir die Artbezeichnung *Azospirillum doebereinerae* vor.

Neue *Herbaspirillum*-Spezies, *Herbaspirillum frisingense* sp. nov.

Macerierte Wurzeln von *Miscanthus sinensis*, *Miscanthus sacchariflorus*, *Spartina pectinata* (in Deutschland angebaut) bzw. verschiedenen Sorten von *Pennisetum purpureum* (in Brasilien angebaut) wurden in 4,0%iger Saccharoselösung verdünnt und damit semisolide, N-freie NFb- und JNFb-Medien angeimpft. Die Isolate wurden mit den phylogenetischen 23S-rRNA-gerichteten Sonden von KIRCHHOF *et al.* (1997b) getestet, wobei einige der Gattung *Herbaspirillum* zuzuordnen waren. Viele dieser Isolate gaben jedoch mit den artspezifischen Oligonukleotidsonden von *Herbaspiril-*

lum spp. keine Hybridisierung (Kirchhof *et al.* 1997a). Daraufhin wurde eine neue 23S-rRNA-gerichtete Oligonukleotidsonde „BETA20" entwickelt, welche diese Isolate identifizieren konnte. Auf Grund der 16S-rDNA-Sequenzanalysen wurden *in situ* anwendbare Oligonukleotidsonden entwickelt, welche die Identifizierung vieler neuer Isolate erleichterte. Die neuen *Herbaspirillum*-Isolate haben untereinander eine Sequenzhomologie von 98,5 bis 99,4 % und zwischen den Gruppen von über 98 %. Deshalb wurden DNA-DNA-Hybridisierungen durchgeführt, welche für die neuen Isolate 60 bis 100 % Hybridisierung ergaben, während sich mit *H. rubrisubalbicans* bzw. *H. seropedicae* 6 ... 25 % Hybridisierung ergaben. Diese neue Gruppe von Bakterien soll *H. frisingense*, nach der Stadt Freising in Bayern (lat. *frisinga*), dem Ort der ersten Isolierung, genannt werden. Die morphologischen Charakteristika der Zellen sind dem der anderen *Herbaspirilla* sehr ähnlich – 0,5 bis 0,7 µm breite und 1,4 bis 1,8 µm lange, leicht gebogene Zellen. Durch die zumeist zwei polaren Geißeln sind sie gut beweglich und können auch in Softagar schwärmen. Die N_2-Fixierungsleistung in semisolidem Agar wurde bei 30 °C auf 130 nmol Ethylen/(h · 10^8 Zellen) bestimmt. *H. frisingense* sp. nov. ist durch die Verwertung von *N*-Acetylglucosamin und die fehlende Verwertung von *meso*-Erythritol, L-Rhamnose und *meso*-Inositol von *H. rubrisubalbicans* und *H. seropedicae* zu unterscheiden.

Lokalisierung der Bakterien in axenischen *Miscanthus*-Pflänzchen

A. doebereinerae ‚GSF71' und *H. frisingense* ‚Mb11' wurden in Hoagland-Röhrchen mit semisolidem Agar und Hoaglands-Nährmedium (½ N) mit den jeweiligen Reinkulturen angeimpft und die bakterielle Besiedlung der Wurzel mit monospezifischen Antikörpern – entweder mit Fluoreszenz-Markierung und Laser-Scanning-Mikroskopie oder mit Immunogoldmarkierung und Elektronenmikroskopie – untersucht. Dabei wurde *A. doebereinerae* ‚GSF71' ausschließlich auf der Wurzeloberfläche gefunden, während sich zahlreiche Zellen von *H. frisingense* ‚Mb11' im Wurzelcortex und in Xylemzellen des Zentralzylinders befanden. *H. frisingense* ‚Mb11' ist als endophytisches Bakterium anzusehen, welches keine sichtbaren pathologischen Effekte hervorruft. Vielmehr konnte in vorläufigen Modellexperimenten eine Stimulierung des Wurzelwachstums beobachtet werden.

Literaturverzeichnis

BODDEY, R. M.; OLIVEIRA, O. C. de; URQUIAGA, S.; REIS, V. M.; OLIVARES, F. L. de; BALDANI, V. L. D.; DÖBEREINER, J., 1995: Biological nitrogen fixation associated with sugar cane and rice: contributions and prospects for improvement. *Plant and Soil* **174**, 195-209.

CHRISTIAN, D. G.; POULTON, P. R.; RICHE, A. B.; YATES, N. E., 1997: The recovery of ^{15}N-labelled fertilizer applied to *Miscanthus* × *giganteus*. *Biomass and Bioenergy* **12**, 21-24.

DÖBEREINER, J., 1995: Isolation and identification of aerobic nitrogen-fixing bacteria from soil and plants. In: *Methods in Applied Soil Microbiology and Biochemistry*. K. Alef, P. Nannipieri (Hrsg.) – London: Academic Press, 134-141.

HARTMANN, A., 1988: Ecophysiological aspects of growth and nitrogen fixation in *Azospirillum* spp. *Plant and Soil* **110**, 225-238.

HARTMANN, A.; SINGH, M.; KLINGMÜLLER, W., 1983: Isolation and characterization of *Azospirillum* mutants excreting high amounts of indoleacetic acid. *Canadian Journal of Microbiology* **29** 916-923.

HARTMANN, A.; STOFFELS, M.; ECKERT, B.; KIRCHHOF, G.; SCHLOTER, M., 2000: Analysis of the presence and diversity of diazotrophic endophytes. In: *Prokaryotic Nitrogen Fixation: A Model System for the Analysis of a Biological Process*. E. W. Triplett (Hrsg.) – Wymondham, UK: Horizon Scientific Press [im Druck]

JOHNSON, J. L., 1989: Nucleic acids in bacterial classification. In: *Bergey's Manual of Systematic Bacteriology*. J. T. Staley, M. P. Bryant, N. Pfennig, J. G. Holt (Hrsg.) – Baltimore, Hongkong, London, Sydney: Lippincott Williams and Wilkins, 1608-1609.

KIRCHHOF, G.; HARTMANN, A., 1992: Development of gene-probes for *Azospirillum* based on 23S-rRNA sequences. *Symbiosis* **13**, 27-35.

KIRCHHOF, G.; REIS, V. M.; BALDANI, J. I.; ECKERT, B.; DÖBEREINER, J.; HARTMANN, A., 1997a: Occurrence, physiological and molecular analysis of endophytic diazotrophic bacteria in gramineous plants. *Plant and Soil* **194**, 45-55.

KIRCHHOF, G.; SCHLOTER, M.; ASSMUS, B.; HARTMANN, A., 1997b: Molecular microbial ecology approaches applied to diazotrophs associated with non-legumes. *Soil Biology and Biochemistry* **29**, 853-862.

MARCHESI, J. R.; SATO, T.; WEIGHTMAN, A. J.; MARTIN, T. A.; FRY, J. C.; HIOM, S. J.; WADE, W. G., 1998: Design and evaluation of useful bacterium-specific PCR primers that amplify genes for bacterial 16S rDNA. *Applied and Environmental Microbiology* **64**, 795-799.

OLIVARES, F. L. de; BALDANI, V. L. D.; REIS, V. M.; BALDANI, J. I.; DÖBEREINER, J., 1996: Occurrence of the endophytic diazotrophic *Herbaspirillum* spp. in roots, stems, and leaves, predominantly of *Gramineae*. *Biology and Fertility of Soils* **21**, 197-200.

SCHLOTER, M.; HARTMANN, A., 1998: Endophytic and surface colonization of wheat roots (*Triticum aestivum*) by different *Azospirillum brasilense* strains studies with strain-specific monoclonal antibodies. *Symbiosis* **25**, 159-179.

SEVILLA, M.; OLIVEIRA, A. de; BALDANI, J. I.; KENNEDY, C., 1998: Contribution of the bacterial endophyte *Acetobacter diazotrophicus* to sugarcane nutrition: a preliminary study. *Symbiosis* **25**, 181-191.

SNAIDR, J.; AMANN, R. I.; HUBER, I.; LUDWIG, W.; SCHLEIFER, K.-H., 1997: Phylogenetic analysis and *in situ* detection of bacteria in activated sludge. *Applied and Environmental Microbiology* **63**, 2884-2896.

STOLTZFUS, J. R.; SO, W.; MALARVITHI, P. P.; LADHA, J. K.; BRUIJN, F. J. de, 1997: Isolation of endophytic bacteria from rice and assessment of their potential for supplying rice with biologically fixed nitrogen. *Plant and Soil* **194**, 25-36.

STRUNK, O.; Ludwig, W., 1997: ARB: a software environment for sequence data. URL http://www.mikro.biologie.tu-muenchen.de [www-document].

Rhizodeposition und Stoffverwertung.
10. Borkheider Seminar zur Ökophysiologie des Wurzelraumes.
Hrsg.: W. Merbach, L. Wittenmayer, J. Augustin. B. G. Teubner Stuttgart, Leipzig 2000, S. 110-115.

Zum Abbau aromatischer Xenobiotika im Wurzelraum von Helophyten und zur Beeinflussung der Bakterienzönose in der Rhizosphäre durch Schadstoffexposition

Helmut WAND*, Ulrich SOLTMANN*, Peter KUSCHK‡, Andrea MÜLLER‡ und Ulrich STOTTMEISTER‡

*Sächsisches Institut für Angewandte Biotechnologie, Permoserstraße 15, D-04318 Leipzig; ‡Umweltforschungszentrum Leipzig - Halle, Permoserstraße 15, D-04318 Leipzig

Abstract

Degradation of 2,6-dimethylphenol, 4-nitrophenol and naphthalene, which are potential aromatic contaminants of the environment was investigated in the root sphere of helophytes applying both batch- and continuous culture conditions. The degradation processes were performed with hydroponic or sand-bed cultures. The influence of these xenobiotics were studied on the bacteria present in the rhizosphere, both in roots as well as in sand. Total cell numbers, colony forming units (CFUs) and the taxonomic classification of some degraders were also determined. Illustrating the changes in the composition of the bacterial communities, PCR-fingerprint techniques were applied. The colonization of roots and sand particles by bacteria was visualized by the confocal laser scanning microscopy (CLSM).

Einleitung

Mit der in den letzten Jahren verstärkten Orientierung auf naturnahe Reinigungsverfahren gewinnt auch die Reinigung von Abwässern in Pflanzenkläranlagen (*phytoremediation, constructed wetlands*) zunehmend an Bedeutung (THOFERN 1994). Über die Anwendung von Pflanzen zur Verringerung der P-, N-, CSB- bzw. BSB_5-Belastung in Haushalts- oder kommunalen Abwässern hinaus gibt es Bemühungen, Pflanzenklärsysteme auch zur Reinigung von mit Xenobiotika belasteten Industrieabwässern oder Deponien einzusetzen (ALTMANN *et al.* 1992, MACHATE *et al.* 1997). Es gilt als weithin akzeptierte Tatsache, daß — von Ausnahmen, wie der Aufnahme, Modifizierung, Ablagerung bzw. Abgabe durch Transpiration einiger Schadstoffe abgesehen — die Eliminierung von Schadstoffen weitgehend durch die Mikroorganismen bewirkt wird. Einen Schwerpunkt der Untersuchungen zum Einsatz von Pflanzen zur Dekontamination bilden kontaminierte Böden mit dem Problem der Herbizid- bzw. Pestizidrückstände (VAN ZWIETEN *et al.* 1995). Mit dem

Ziel der Effizienzsteigerung wurden auch Versuche zur Einführung leistungsgesteigerter, genetisch veränderter Bakterien durchgeführt (CROWLEY *et al.* 1996). In jüngster Zeit wurde über den Einsatz von Helophyten in wassergesättigten Systemen zum Abbau von Phenanthren (MACHATE *et al.* 1997) und zur Verringerung der Belastung von Hafensedimenten mit Chlororganika und Schwermetallen berichtet (HÄGGBLOM 1998). Wir haben unter Laborbedingungen den Abbau von 2,6-Dimethylphenol (2,6-DMP), 4-Nitrophenol (4-NP) sowie Naphthalin und Phenanthren im Wurzelraum von ausgewählten Helophyten unter verschiedenen Aspekten untersucht. Den Schwerpunkt der Untersuchungen bildete der Abbau von 2,6-DMP unter unterschiedlichen Bedingungen. 2,6-DMP ist Bestandteil der Altlasten der Braunkohlenverarbeitung. Neben der Abbauleistung des jeweiligen Systems – Hydroponikkultur, Pflanze mit Festbett, Batch-Kultur, kontinuierlicher Betrieb – standen Untersuchungen zum Einfluß der Schadstoffexposition auf die im Wurzelraum siedelnden Bakterien im Mittelpunkt des Vorhabens.

Material und Methoden

Verwendete Pflanzen und Bakterien sowie Nährmedien

Es wurden die Helophyten *Carex gracilis, Scirpus lacustris* und *Phalaris arundinacea* eingesetzt. Als Nährlösungen für die Pflanzenkultivierung fanden sowohl die Lösung gemäß Hoagland wie auch das kommerziell erhältliche Hakaphos Verwendung. Bei den Expositions- bzw. Abbauversuchen wurden die Schadstoffe in Konzentrationen von 20 ... 50 mg/l eingesetzt. Für die Untersuchungen zum Einfluß der Exposition von 2,6-DMP auf die wurzelbesiedelnden Bakterien wurden jeweils 20 Pflanzen (Exposition und Kontrolle) von *Carex gracilis* eingesetzt. Die Versuche mit kontinuierlicher Substratzuführung wurden mit einem 750 ml Arbeitsvolumen fassenden Reaktionsgefäß durchgeführt. Beim Betrieb mit Festbett betrug die Sandmenge ca. 750 g. Die Bakterien wurden mit Ultraschall – dreimal 1 min; Amplitude 20 %; 0,1%ige Natriumpyrophosphat-Lösung – von den Wurzeln bzw. vom Sand isoliert. Bei Parallelansätzen wurden die nach der Ultraschallbehandlung gewonnenen Zellsuspensionen zu einem Pool vereinigt. Die Isolate bzw. Reinkulturen wurden auf R2A-Agar bzw. Selektivmedien – 2 mM 2,6-DMP/Mineralagar; Naphthalin- bzw. Phenanthrenkristalle im Petrischalendekkel/Mineralagar – kultiviert.

Zellzählung

Die Zellzählung erfolgte nach Anfärbung mit 0,01%iger „Acridinorange"-Lösung und Filtration über Polycarbonatmembranen (Porenweite 0,2 µm, dunkel eingefärbt) epifluoreszenzmikroskopisch bei 490 nm.

Untersuchungen zur Bakterienbesiedelung von Wurzeln und Sand mit der Konfokalen Laser-Raster-Mikroskopie (CLSM)
Die Präparate wurden mit „Acridinorange“ bzw. mit „Syto 9“ aus dem *live/dead*-Kit von Molecular Probes angefärbt.
Untersuchungen zur Bakterienbesiedelung mit dem Reduktionsindikator 2,3,5-Triphenyltetrazoliumchlorid (TTC)
Zur Visualisierung aktiver Bakterien auf der Oberfläche von Wurzeln bzw. Sandkörnern wurden diese unter sterilen Bedingungen in auf etwa 40 °C abgekühlten, flüssigen tryptischen Sojaagar eingebettet, der 0,5 % TTC enthielt.
Genotypisierung von Bakterienisolaten mit PCR-Fingerprinttechniken
Zur Erfassung der Diversität der bakteriellen Gemeinschaften wurde mit alkalischer SDS-Lösung aus den Reinkulturen hergestellten Lysaten eine RAPD-PCR (*Random Amplified Polymorphic*-DNA-PCR) durchgeführt. Mit allen sich im Fingerprint unterscheidenden Isolaten wurde nachfolgend eine 16S-23S-rDNA-Spaceramplifikation und eventuell eine Restriktierung der Amplifikate mit „AluI“ zur Erfassung der taxonspezifischen Unterschiede durchgeführt.

Ergebnisse und Diskussion

Abbau von 2,6-Dimethylphenol

Der Abbau von 2,6-DMP wurde sowohl unter Hydroponikbedingungen als Batch- und kontinuierliche Kultur wie auch als kontinuierliche Kultur mit Sand als Bodenkörper durchgeführt. Überwiegend wurde *Carex gracilis* eingesetzt, für vergleichende Untersuchungen unter Hydroponikbedingungen in Batch-Kultur fanden *Scirpus lacustris* und *Phalaris arundinacea* Verwendung. Unter Hydroponikbedingungen wird bei einer Zuflußrate von ca. 42 ml/h entsprechend einer Verweilzeit von ca. 18 h eine Abbaurate von ca. 95 % erreicht. Bei höheren Zuflußraten geht die Abbaurate signifikant zurück. Mit dem Festbettreaktor mit *Carex gracilis* werden nach einer Formierungszeit von ca. sechs Wochen bei einer Durchflußrate von ca. 42 ml/h Abbauraten von 86 % erreicht. Bei einem Flüssigkeitsvolumens von etwa 200 ml beträgt die Verweilzeit im Reaktor weniger als fünf Stunden. Ohne Pflanze werden im Festbettreaktor nur Abbauraten unter 50 % erreicht.

Sauerstoff als limitierender Faktor

Während unter Hydroponikbedingungen infolge der durch die Wurzeln behinderten Durchmischung die Sauerstoffkonzentration nur maximal 20 % beträgt – ohne Pflanze werden mehr als 60 % erreicht – sinkt die O_2-Konzentration im Festbettreaktor auf faktisch 0 % ab. Sauerstoff wird zum limitierenden Faktor. Damit kann das mögliche Abbaupotential des Festbettreaktors, dessen Oberfläche und damit Aufwuchsfläche für Bakterien mit ca. 420 m² um den Faktor 10^3 größer als die der Wurzeln ist, nur zu einem geringen Teil genutzt werden. Die auf Grund des Exsudataustritts und der Abgabe von Sauerstoff für eine Besiedelung mit Mikroorganismen günstigen Bedingungen auf der Wurzeloberfläche sind hinlänglich beschrieben worden. Die Häufung von Bakterien im Wurzelspitzenbereich und entlang der Zellwandlinien, die im TTC-Agar bzw. in der fluoreszenzmikroskopischen Aufnahme deutlich zu sehen ist, könnte ihre Ursache auch in dem in diesen Bereichen verstärkt austretenden Sauerstoff haben.

Einfluß der Schadstoffbelastung auf das Pflanzenwachstum

Eine Beeinträchtigung des Wachstums von *Carex gracilis* durch die relativ hohe Belastung mit 50 mg 2,6-DMP/l kann nicht festgestellt werden. Mindestens für die ersten vier Wochen der Schadstoffexposition weisen die exponierten Pflanzen eine deutlich höhere Gewichtszunahme von Sproß- und Wurzeltrieben im Vergleich zu den nicht exponierten Kontrollpflanzen auf. Gleiches trifft zu für *Scirpus lacustris*. Eine Belastung mit 20 mg 4-NP/l wird von beiden Pflanzenarten ohne sichtbare Schäden toleriert; 50 mg 4-NP/l führen jedoch bei *Carex gracilis* zu einer Gelbverfärbung der Blätter.

Einfluß der Schadstoffexposition auf die Bakterienbesiedelung in der Rhizosphäre

Tab. 1. Besiedlungsdichte der Feststoffmatrix pro Gramm getrockneter Sand aus Festbettreaktoren ohne und mit Bepflanzung (*Carex gracilis*) nach Langzeitexposition (≥acht Wochen) mit 2,6-Dimethylphenol oder 4-Nitrophenol.

Reaktor	Bepflanzung	Substrat/ Herkunft	Gesamtzellzahl [10^6/g]	KBE [10^6 je Gramm]		
				R2A-Agar	2,6-DMP-Agar	4-NP-Agar
2,6-DMP	ohne	Sand, oben	38	2,3	n. b.	–
		Sand, Mitte	13	0,98	0,056	–
		Sand, unten	5,7	0,63	n. b.	–
	mit	Rhizosphäre	39	24	3,6	–
4-NP	mit	Rhizosphäre	n. b.	86	–	38
	ohne		n. b.	0,58	–	0,11

n. b. – nicht bestimmt.

Schon die Verbesserung des Mineralangebots führt zu einer Erhöhung der Bakterienzahl auf der Rhizoplane. Mit der Schadstoffexposition steigt auch die Zahl der Bakterien, vor allem aber der stoffwechselaktiven Bakterien besonders im Wurzelspitzenbereich, was durch die Reduktion des TTC gut zu erkennen ist.

Darüber hinaus gibt es Bereiche unterschiedlich starker Besiedelung, auch die Haarwurzeln gehören dazu, ohne daß ein Zusammenhang hergestellt werden kann. Deutlich höher ist auch die Zahl der Bakterien im wurzelnahen Sand, wiederum mit einem höheren Anteil aktiver Bakterien im Vergleich zum wurzelfernen Sand (Tab. 1).

Tab. 2. Charakteristika von 2,6-Dimethylphenol- (DMP), Naphthalin- (N) und Phenanthren- (Ph) -abbauender Bakterien, die aus der Rhizosphäre von Helophyten nach Schadstoffexposition isoliert wurden.

Exponierter Schadstoff	Herkunft	Isolatbezeichnung	Gram-Bestimmung	Taxonomische Zugehörigkeit	Abbaueigenschaften		
					DMP	Naphthalin	Phenanthren
DMP	*Carex-gracilis*-Wurzel	DMP1	+	*Rhodococcus rhodochrous*	++++		
		DMP2	+	n. b., nocardioformes Bakterium	+++		
		DMP3	+	n. b., nocardioformes Bakterium	+++		
		DMP4	+	n. b. coryneformes Bakterium	+++		
		DMP5	+	*Rhodococcus fascians*	++		
		DMP13	-	n. b.	+++		
N	Sand	PNS1,1	+	*Rhodococcus rhodochorus*		+++	
		PNS4	-	n. b.		+++	
	Phalaris-arundinacea-Wurzel	PNS6	+	n. b.		+++	
	Sand	PNS7	+	n. b.		+++	
Ph	Sand	PPS3,1	+	*Rhodococcus fascians*			+++

n. b. – nicht bestimmt.

Mit der Schadstoffexposition nimmt die Diversität, bezogen auf die kultivierbaren Bakterien, deutlich ab. So konnte bei *Carex gracilis* nach sechs Wochen 2,6-DMP-Exposition im Batch-Versuch unter Hydroponikbedingungen auf der Grundlage von 36 bzw. 30 untersuchten Isolaten mit den Methoden des PCR-Fingerprinting eine Verringerung der taxonspezifischen Genotypen von 17 auf sieben festgestellt werden. Während nach sechswöchiger Inkubation mit 2,6-DMP keine signifikante Zunahme von Gram-positiven Bakterien beobachtet werden konnte, nahm der Anteil der Gram-positiven bei *Carex gracilis* nach mehr als drei Monaten Exposition mit 2,6-DMP unter Hydroponikbedingungen bei kontinuierlichem Betrieb eindeutig zu.

Die von *Carex*-Wurzeln nach über sechs Monaten Exposition mit 2,6-DMP isolierte, kultivierbaren Bakterien wiesen einen Anteil von über 50 % Gram-positiven auf (siehe Tab. 2, DMP-Isolate). Es fällt auf, daß nach dieser langen Expositionszeit der Anteil extrem hydrophober, säurefester, wahrscheinlich nocardiaformer Bakterien zunimmt. Mit der Einschränkung der nur aus den kultivierbaren Bakterien bestehenden Bezugsbasis zeigen auch die Untersuchungen mit den anderen angeführten Schadstoffen, daß nicht die Bakterien mit den stärksten Abbaueigenschaften dominieren. Für die Besiedelung der Rhizosphäre sind trotz der zweifellos stark selektiv wirkenden Xenobiotika noch andere Faktoren maßgebend.

Literaturverzeichnis

ALTMANN, B.-R.; HEIDMANN, T.; NAGELS, G.; SCHULZ-BEHRENDT, V., 1992: Erfahrungsbericht über den Einsatz von Pflanzenkläranlagen zur Reinigung industrieller Abwässer. *DGMK Bericht* (Hamburg) **453**.

CROWLEY, D. E.; BRENNEROVA, M. V.; IRWIN, C.; BRENNER, V.; FOCHT, D. D., 1996: Rhizosphere effects on biodegradation of 2,5-dichlorobenzoate by a bioluminescent strain of root-colonizing *Pseudomonas fluorescens. FEMS Microbiology Ecology* **20**, 79–89.

HÄGGBLOM, M. M., 1998: Bioremediation of contaminated marine sediments using plants and rhizospheric bacteria. *Second International Symposium on Biosorption and Bioremediation. July 12-17, 1998 in Prague, Czech Republic.* T. Macek, K. Demnerova, M. Mackova, J. Kostal (Hrsg.), Abstract L3-10.

MACHATE, T.; NOLL, H.; BEHRENS, H.; KETTRUP, A., 1997: Degradation of phenanthrene and hydraulic characteristics in a constructed wetland. *Water Research* **31**, 554-560.

THOFERN, U., 1994: Pflanzenkläranlagen: Prinzipien – Verfahrensvarianten – Einsatzmöglichkeiten. *Zentralblatt für Hygiene* **196**, 197–226.

van ZWIETEN, L.; FENG, L.; KENNEDY, I. R., 1995: Colonisation of seedling roots by 2,4-D degrading bacteria: A plant-microbial model. *Acta Biotechnologica* **15**, 27–39.

Rhizodeposition und Stoffverwertung.
10. Borkheider Seminar zur Ökophysiologie des Wurzelraumes.
Hrsg.: W. Merbach, L. Wittenmayer, J. Augustin. B. G. Teubner Stuttgart, Leipzig 2000, S. 116-124.

Selektion effektiver Mykorrhizapilzarten bzw. -stämme zur Verbesserung von Wachstum und Vitalität der Kiefer (*Pinus sylvestris* L.) auf Kippsubstrat

Dörte SCHELTER*, Babette MÜNZENBERGER‡ und Reinhard F. HÜTTL*

*Brandenburgische Technische Universität Cottbus, Lehrstuhl für Bodenschutz und Rekultivierung, Theodor-Neubauer-Straße 4, D-03046 Cottbus, ‡Zentrum für Agrarlandschafts- und Landnutzungsforschung (ZALF) e. V., Institut für Primärproduktion und Mikrobielle Ökologie, Dr.-Zinn-Weg 18, D-16225 Eberswalde

Abstract

Pine seedlings were grown in pots of sterilized substrate taken from a reclaimed strip-mined coal spoil and were inoculated with different strains of ectomycorrhizal fungi to study their effect on plant growth and vitality. The inoculation resulted in a low mycorrhizal frequency and poor effects on plant growth without any fertilization. Nutrient contents (N, P) of the needles were relatively low and were not influenced by the inoculation. However, the different strains varied in their ability to accumulate these macronutrients in the mycorrhizas. Strains of *Scleroderma citrinum*, isolated from recultivated sites, showed the highest contents of N and P. This indicates that this fungus has a better ecophysiological potential to improve plant growth and vitality than the other tested strains. Therefore, the selection of ecologically adapted mycorrhizal fungi for inoculation is important.

Einleitung

Eine wichtige Rolle in der Biozönose der Bodenorganismen spielen die Bodenpilze. Über 90 Prozent aller Landpflanzen bilden symbiontische Lebensgemeinschaften mit Pilzen. An den meisten Waldbäumen der gemäßigten Zone sind Ektomykorrhizen zu finden. Die Ektomykorrhiza unterstützt die natürliche Streßabwehr der Pflanzen durch:

- Mobilisierung und Speicherung von Nährstoffen (KOTTKE *et al.* 1995),
- Erhöhung der Toleranz gegenüber extremen Umwelteinflüssen (HARTLEY *et al.* 1997) und
- Abwehr von Pathogenen (CHAKRAVARTY *et al.* 1991).

Die Effektivität der genannten positiven Einflüsse der Mykorrhizapilze auf die Bäume variiert mit der Pilzart bzw. dem Isolat, der Wirtsart und den Standortbedingungen (CHAKRAVARTY *et al.* 1991). Die ökophysiologische Diversität der Mykorrhizapilze führt zur Notwendigkeit der Selektion geeigneter Arten bzw. Stämme. Deshalb wurden weltweit zahlreiche künstliche Mykorrhizierungsversuche unternommen (LE TACON *et al.* 1987, HERRMANN *et al.* 1992, MARX *et al.* 1992). Vorrangiges Interesse galt dabei dem Mykorrhizierungsverhalten der Pilze und dem Wachstum der Phytosymbionten auf Extremstandorten. Eine Steigerung der Leistungsfähigkeit der Pflanzen ist bereits bei einer Mykorrhizierungsrate von 30 bis 50 % nachweisbar (HERRMANN *et al.* 1992, MÜNZENBERGER *et al.* 1997).

Durch den Braunkohlebergbau entstanden und entstehen in der Niederlausitz Extremstandorte wie Abraumhalden, Kippen und Tagebaurestflächen. Bei der forstlichen Rekultivierung stellen sich die Kippsubstrate als ungünstig für das Pflanzenwachstum dar. Der Pflanzschock führt zu erheblichen Verlusten durch Absterben bzw. zu einem verminderten Wachstum in der Initialphase. Bei der Anzucht von Pflanzen in Baumschulen führen Praktiken wie Düngung, Bodenbedampfung und Einsatz von Fungiziden i. d. R. zu einer geringen Mykorrhizierung. Nach dem Auspflanzen dauert es weiterhin einige Zeit, bis die für Baumschulsämlinge typischen Mykorrhizaformen durch an den Standort adaptierte Formen ersetzt werden (STENSTRÖM und UNESTAM 1986). Da Untersuchungen zur angewandten Mykorrhizaforschung an Waldbäumen im Lausitzer Braunkohlerevier bisher nicht vorlagen, war es Ziel dieser Untersuchung, Mykorrhizapilze zu selektieren, die Baumwachstum und Vitalität optimal begünstigen. Hierzu wurden Kiefernsämlinge mit ausgewählten Mykorrhizapilzen unter Gewächshausbedingungen auf Kippsubstrat inokuliert. Dabei wurden Untersuchungen zum Mykorrhizierungsverhalten, zur Funktionalität der Mykorrhizaformen, zum Ernährungszustand der Sämlinge und zum Bodenchemismus durchgeführt.

Material und Methoden

Substrat

Das verwendete Kippsubstrat wurde auf einer 1995/96 verkippten und 1998 rekultivierten Fläche des Tagebaus Jänschwalde entnommen. Es handelt sich um quartäres Substrat mit tertiären Beimengungen (GFE 1997). Die Bodenreaktion kann sich an Stellen mit überwiegend tertiären Gemengeanteilen vom neutralen zum stark sauren, kulturfeindlichen Bereich (*p*H <3) ändern. Das an mehreren, zufällig ausgewählten Punkten der Fläche entnommene Substrat wurde homogenisiert und mit γ-Strahlen (Mindestenergiedosis 25 kGy) sterilisiert.

Pilzstämme

Es wurden zwei Stämme der Pilzart *Paxillus involutus* getestet. Der Stamm ‚EW 41' wurde aus einem bei Trattendorf in unmittelbarer Nähe einer Aschehalde entnommenen Fruchtkörper isoliert. Der Stamm ‚EW 51' stammt von einer Rekultivierungsfläche in Meuro. Von dieser Fläche stammen weiterhin ‚EW 35' *Suillus luteus*, ‚EW 48' *Pisolithus tinctorius*, ‚EW 56' *Scleroderma citrinum* und ‚EW 59' *Rhizopogon roseolus*. ‚EW 49' *Scleroderma citrinum* wurde aus einem der Rekultivierungsfläche Domsdorf entstammenden Fruchtkörper isoliert. ‚EW 35' *Suillus bovinus* stammt von einem Kiefernforst mit gewachsenem Boden nahe Borkheide.

Inokulumproduktion

Der Vorkultivierung der Pilze auf Modified-Melin-Norkrans- („MMN")-Agar (Kottke *et al.* 1987) folgte die Vermehrung der Mykorrhizapilze auf festem Substrat. Als Trägersubstanz diente ein mit „MMN_2"-Lösung getränktes Perlite/*Sphagnum*-Gemisch (Münzenberger *et al.* 1997). Nach etwa sechs Wochen wurden ca. 20 ml beimpftes Perlite/*Sphagnum* pro Pflanzbehälter als Inokulum verwendet.

Inokulation der Kiefern

Als Pflanzbehälter dienten Rootrainer® (175 cm^3, Vertrieb in Deutschland durch Fa. Kitty-Plast K. E. Kistler, Alberstadt-Taiflingen). Jede Zelle wurde im ersten Versuch mit drei oberflächensterilisierten Kiefernsamen bestückt. Im zweiten und dritten Versuch wurden stattdessen steril angezogene Sämlinge verwendet. Um gleiche Bedingungen hinsichtlich Durchlüftung des Substrates und Pflanzenernährung zu schaffen, enthielten die Pflanzbehälter der Kontrollpflanzen nichtinfiziertes Perlite/*Sphagnum*-Gemisch. Pro Pilzstamm wurden 64 Kiefernsämlinge inokuliert. Die Kultivierung erfolgte mit einer Versuchsdauer pro Ansatz von acht Monaten bei konstanten klimatischen Bedingungen im Gewächshaus.

Auswertung

Um die Mykorrhizierungsraten der Kiefern zu ermitteln, wurden alle vitalen, mykorrhizierten sowie nichtinfizierten Wurzelspitzen von zwölf Pflanzen pro Variante ausgezählt. Dabei erfolgte eine Unterscheidung von Mykorrhizen des inokulierten Pilzes und Mykorrhizen, die sich durch Fremdinfektion gebildet hatten. Als Parameter zur Bewertung des Einflusses der Mykorrhizierung auf das Wachstum der Pflanzen dienten die Sproßlängen, der Wurzelhalsdurchmesser, die Überlebensrate sowie die Trockenmassen der Nadeln und der Feinwurzeln. Ferner wurden die Nährelementgehalte des Kippsubstrates bzw. der Mykorrhizen, der Feinwurzeln und der Nadeln der Kiefernsämlinge analysiert.

Ergebnisse und Diskussion

Mykorrhizierungsrate

In allen Versuchen lagen die Mykorrhizierungsraten der Kiefern vergleichsweise niedrig (Abb. 1). GROSSNICKLE und REID (1983) erreichten mit *Pisolithus tinctorius* an Kiefern Infektionsraten von bis zu 45 %. Mit *Rhizopogon roseolus* und *Scleroderma citrinum* an *Pinus pinaster* wurden Mykorrhizierungsraten von 20 bis 90 % erzielt (PARLADE *et al.* 1996).

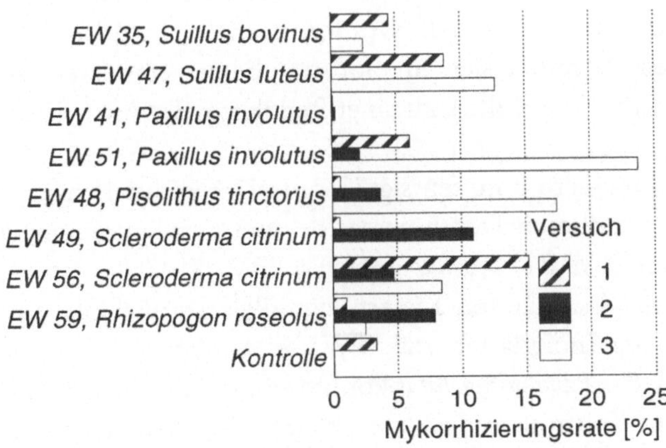

Abb. 1. Mittlere Mykorrhizierungsraten der Kiefern aus den drei Gewächshausversuchen.

Bei den beiden *Suillus*-Arten fiel auf, daß an den im Herbst (zweiter Versuch) inokulierten Kiefernsämlingen keine Mykorrhizen gefunden wurden. Der *Paxillus-involutus*-Stamm ‚EW 41', der bei einer ähnlichen Untersuchung mit Kraftwerksasche Mykorrhizierungsraten von 20 bis 30 % aufwies (MÜNZENBERGER *et al.* 1997), war in dieser Untersuchung dem Stamm ‚EW 51' deutlich unterlegen. Offensichtlich wirkt sich die Herkunft des Pilzstammes entscheidend auf den Mykorrhizierungserfolg unter den vorliegenden Versuchsbedingungen aus. Auch bei zwei verschiedenen Isolaten von *Scleroderma citrinum* zeigten sich Unterschiede. Im ersten Versuch war die Mykorrhizierungsrate von ‚EW 49' signifikant kleiner als die von ‚EW 56'. Im zweiten Versuch wies ‚EW 49' jedoch gute Ergebnisse auf. Dies zeigt die Variation von Mykorrhizapilzstämmen beim Einsatz in der Mykorrhizatechnologie.

Eine signifikante Steigerung der Mykorrhizierung gegenüber der Kontrolle war im ersten Versuch nur bei den mit ‚EW 56‘ *Scleroderma citrinum* inokulierten Pflanzen festzustellen. Offensichtlich konnten die anderen Mykorrhizapilze ihre Infektiosität nicht solange im Substrat aufrechterhalten, bis ausreichend Wurzeln ausgebildet wurden. Dies war durch die Verwendung von Saatgut bedingt. Im den Folgeversuchen führten alle Pilzstämme, mit Ausnahme von ‚EW 41‘ *Paxillus involutus*, zu einer signifikanten Erhöhung der Mykorrhizierungsrate gegenüber der Kontrollvariante.

Wachstum

Die Ausfallraten variierten stark. Bei der Verwendung von Saatgut (erster Versuch) konnten die Keimlinge nicht überleben, da das Substrat oberflächlich schnell austrocknete. Im weiteren Versuchsverlauf wurden deshalb steril vorgekeimte Sämlinge verwendet. Diese konnten sich im Substrat besser etablieren, da die Wurzeln bereits tiefer reichten. Dies führte zu einer Reduktion der Ausfallraten auf 0 bis 10 %.

Bei den Wurzelhalsdurchmessern konnten signifikante Unterschiede nachgewiesen werden. So waren die mittleren Durchmesser der mit den Stämmen EW 35 *Suillus bovinus*, ‚EW 41‘ und ‚EW 51‘ *Paxillus involutus*, ‚EW 47‘ *Suillus luteus* bzw. ‚EW 49‘ *Scleroderma citrinum* inokulierten Kiefern signifikant größer als jene der Kontrollpflanzen. Durch die Inokulation mit ‚EW 35‘ *Suillus bovinus*, ‚EW 48‘ *Pisolithus tinctorius* und ‚EW 51‘ *Paxillus involutus* konnte außerdem das Sproßlängenwachstum gegenüber der Kontrollvariante signifikant gesteigert werden. Das Sproß/Wurzel-Vehältnis war mit Werten um 0,1 relativ klein. Der oberirdische Teil der Pflanze wuchs nach ca. zwei Monaten nicht weiter. Das Wachstum fand somit ab diesem Zeitpunkt verstärkt unterirdisch statt. Da sich die Gesamtwurzelspitzenzahl jedoch nicht erhöhte, wurden vor allem Langwurzeln gebildet. Die ungünstige Nährstoffversorgung auf Kippsubstrat wirkte sich demzufolge auf die Entwicklung der Wurzeln aus. Unter diesen Kulturbedingungen konnte der Einfluß unterschiedlicher Mykorrhizapilze nicht zu einer Erhöhung der Wurzelspitzenzahl beitragen.

Ernährungszustand

Durch die Einbringung von Dünger bei der Grundmelioration lagen relativ hohe Nährstoffgehalte im Substrat vor. Durch die Zwischenbegrünung wurden Nährstoffe, vor allem Stickstoff und Phosphor, schnell verbraucht, was die Gehalte des Kippsubstrates verringerte (Schelter *et al.* 1999). Die Stickstoffgehalte der Nadeln unterschieden sich innerhalb der Versuche kaum, was auf den fehlenden Einfluß der Mykorrhizierung schließen läßt. *Scleroderma citrinum* wies die höchsten N-Gehalte der Mykorrhizen auf (Abb. 2). Dennoch waren die mit diesen Stämmen inokulierten Pflanzen nicht besser versorgt. Der Gehalt an immobilem Stickstoff in Mykorrhizen kann durch Akkumulation in den vakuolären Bodies sehr hoch sein (KOTTKE *et al.* 1995). Unter den gegebenen Versuchsbedingungen war das Wachstum des Myzels offensichtlich infolge von Stickstoffmangel herabgesetzt, wodurch die Mykorrhizabildung beeinträchtigt wurde. Bei einem Experiment auf Agar konnte KIELISZEWSKA-ROKICKA (1992) eine Stimulierung des Wachstums verschiedener *Paxillus-involutus*-Isolate durch Stickstoffzugabe feststellen.

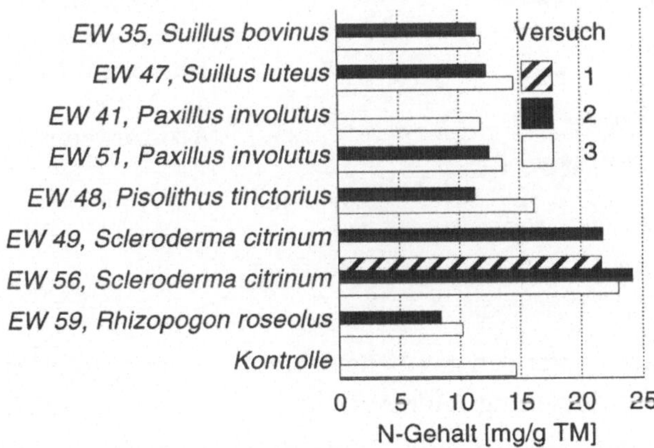

Abb. 2. Stickstoffgehalte der Mykorrhizen.

Die Kiefernsämlinge aller Varianten zeigten deutliche Phosphor-Mangelerscheinungen in Form einer violetten Verfärbung der Nadeln, die auch abgestorben nicht abfallen (BAULE 1978). Mit der Verfärbung der Nadeln war ein Wachstumsstillstand nach ca. zwei Monaten festzustellen. Die P-Gehalte der Nadeln lagen mit Werten von unterhalb der Nachweisgrenze bis 1,18 mg/g TM unter dem Grenzwert für ausreichende Ernährung von Forstpflanzen von 1,2 mg/g TM (FIEDLER und HÖHNE 1984). Die Phosphorgehalte in den Mykorrhizen lagen in dem von HAUG *et al.* (1992) dokumentierten mittleren Bereich für verschiedene Mykorrhizaformen (Abb. 3). Alle Mykorrhizaformen zeigten gegenüber dem Substrat erhöhte Phosphorgehalte und reicherten dieses Element demzufolge an. *Scleroderma citrinum* (‚EW 49‘ und ‚EW 56‘) fiel durch die höchsten Gehalte auf. Dies spricht dafür, daß dieser Pilz der Pflanze weitere Phosphorquellen erschließen kann. Diese reichen aber offensichtlich nur für die Ernährung des Pilzes aus, da an den Phytosymbionten nicht genügend Phosphor weitergeleitet wurde. Eine osmotisch inaktive Speicherung der vom Pilz aufgenommenen Phosphate in den Vakuolen der Hyphen (Polyphosphatgrana) kann eine Translokation entsprechend dem Konzentrationsgradienten verzögern (BOLAN 1991).

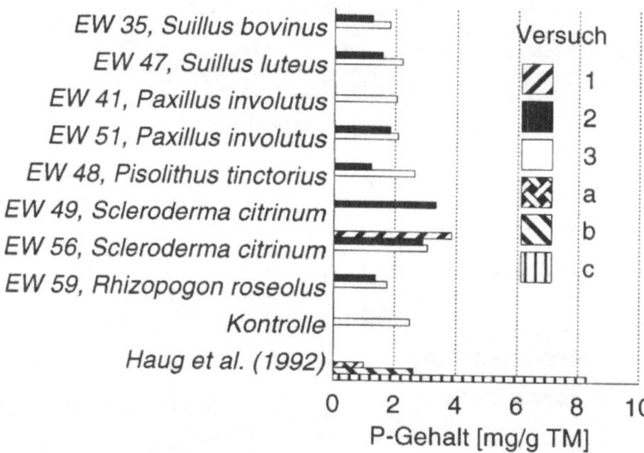

Abb. 3. Phosphorgehalte der Mykorrhizen im Vergleich zu den von HAUG *et al.* (1992) ermittelten Minimal- (a), Mittel- (b) und Maximalwerten (c).

Die getesteten Isolate waren unter den gegebenen Kulturbedingungen offensichtlich nicht effektiv. Die Mykorrhizierungsraten erreichten keine zufriedenstellenden Ergebnisse, das Wachstum der Sämlinge konnte nur wenig gesteigert werden, der Ernährungszustand der Kiefern war nicht verbessert. Entscheidend für die geringen Mykorrhizierungsraten war offenbar der Ernährungszustand der Pilze (EKBLAD *et al.* 1995). Jedoch wies *Scleroderma citrinum* bei Stickstoff, Phosphor und anderen Nährelementen die höchsten Gehalte auf und war somit am leistungsfähigsten. Beim Vergleich der beiden *Paxillus-involutus*-Stämme zeigte sich, daß die Herkunft eines Pilzstammes von großer Bedeutung ist. Die Ergebnisse unterstreichen, daß sich eine NP-Düngung günstig auf Wachstum und Mykorrhizierung der Kiefern auswirken kann. Da die Stickstoffdüngung auf kohlefreien Kippsubstraten mit einem hohen Risiko der Auswaschung verbunden ist, sollten entweder gesplittete Applikationen oder schwer lösliche N-Dünger verwendet werden.

Literaturverzeichnis

BAULE, H., 1978: Grundlagen der Forstpflanzenernährung und -düngung. *Die Bedeutung einzelner Nährstoffe. Arbeitstechnisches Merkheft der Waldarbeit*, Nr. 42. Wirtschafts- und Forstverlag Euting.

BOLAN, N. S., 1991: A critical review on the role of mycorrhizal fungi in the uptake of phosphorus by plants. *Plant and Soil* **134**, 189-207.

CHAKRAVARTY, C.; PETERSON, R. L.; ELLIS, B. E., 1991: Interaction between the ectomycorrhizal fungus *Paxillus involutus*, damping-off fungi and *Pinus resinosa* seedlings. *Journal of Phytopathology* **132**, 207-218.

EKBLAD, A.; WALLANDER, H.; CARLSSON, R.; HUSS-DANELL, K., 1995: Fungal biomass in roots and extramatrical mycelium in relation to macronutrients and plant biomass of ectomycorrhizal *Pinus sylvestris* and *Alnus incana*. *New Phytologist* **131**, 440-456.

FIEDLER, H. J.; HÖHNE, H., 1984: Das NPK-Verhältnis in Kiefernnadeln als arteigene Erscheinung und Mittel zur Ernährungsdiagnose. *Beiträge für die Forstwirtschaft* **18**, 128-132.

GFE (Geologische Forschung und Erkundung), 1997: Bodengeologischer Kartierungsbericht, Tagebau Jänschwalde Fläche J 52. Berlin.

GROSSNICKLE, S. C.; REID, C. P. P., 1983: Ectomycorrhiza formation and root development patterns of conifer seedlings on a high-elevation mine site. *Canadian Journal of Forest Research* **13**, 1145-1158.

HARTLEY, J.; CAIRNEY, J. W. G.; MEHARG, A. A., 1997: Do ectomycorrhizal fungi exhibit adaptive tolerance to potentially toxic metals in the environment? *Plant and Soil* **189**, 303-309.

HAUG, I.; PRITSCH, K.; OBERWINKLER, F., 1992: Der Einfluß von Düngung auf Feinwurzeln und Mykorrhizen im Kulturversuch und im Freiland. *Forschungsbericht KfK-PEF 97*. Kernforschungszentrum Karlsruhe.

HERRMANN, S.; RITTER, T.; KOTTKE, I.; OBERWINKLER, F., 1992: Steigerung der Leistungsfähigkeit von Forstpflanzen (*Fagus silvatica* L. und *Quercus robur* L.) durch kontrollierte Mykorrhizierung. *AFZ, der Wald: allgemeine Forstzeitung für Waldwirtschaf und Umweltvorsorge* **163**, 72-79.

KIELISZEWSKA-ROKICKA, B., 1992: Effect of nitrogen level on acid phosphatase activity of eight isolates of ectomycorrhizal fungus *Paxillus involutus* cultured *in vitro*. *Plant and Soil* **139**, 229-238.

KOTTKE, I.; GUTTENBERGER, R.; HAMPP, R.; OBERWINKLER, F., 1987: An *in vitro* method for establishing mycorrhizae on coniferous tree seedlings. *Trees* **1**, 191-194.

KOTTKE, I.; PARGNEY, J. C.; QIAN, X. M.; LE DISQUET, I., 1995: Passage and deposition of solutes in the hyphal sheath of ectomycorrhizas – the soil-root interface. *Eurosilva – Contribution to Forest Tree Physology*. H. Sandermann, M. Bonnet-Masimbert (Hersg.)Paris: INRA Editions, 255-271.

LE TACON, F.; GARBAYE, J.; CARR, G., 1987: The use of mycorrhizas in temperate and tropical forests. *Symbiosis* **3**, 179-205.

MARX, D. H.; MAUL, S. B.; CORDELL, C. E., 1992: Application of specific ectomycorrhizal fungi in world forestry. In: *Frontiers in Industrial Mycology*. G. F. Leatham (Hrsg.) – New York: Chapman & Hall, 78-98.

Münzenberger, B.; Schulz, M.; Hüttl, R. F., 1997: Die kontrollierte Mykorrhizierung der Kiefer (*Pinus sylvestris* L.) mit Stämmen von *Paxillus involutus* (Batsch) Fr. unter Verwendung von Kraftwerksasche. In: *Rhizosphärenprozesse, Umweltstreß und Ökosystemstabilität. 7. Borkheider Seminar zur Ökophysiologie des Wurzelraumes.* W. Merbach (Hrsg.) – Stuttgart, Leipzig: B. G. Teubner Verlagsgesellschaft, 13-20.

Parlade, J.; Pera, J.; Alvarez; I. F., 1996: Inoculation of containerized *Pseudotsuga menziesii* and *Pinus pinaster* seedlings with spores of five species of ectomycorrhizal fungi. *Mycorrhiza* **6**, 237-245.

Schelter, D.; Münzenberger, B.; Hüttl, R. F., 1999: Selektion effektiver Mykorrhozapilzarten bzw. -stämme zur Verbesserung von Wachstum und Vitalität der Kiefer (*Pinus sylvestris* L.) auf Kippsubstrat. *Abschlußbericht des Forschungsvorhabens* Lehrstuhl für Bodenschutz und Rekultivierung der Technischen Universität Cottbus.

Stenström, E.; Unestam, T., 1986: Prolonged effects of initially introduced mycorrhizae of pine plants after outplanting. In: *Physiological and Genetical Aspects of Mycorrhizae. Proceedings of the 1st European Symposium on Mycorrhizae, Dijon, France, 1–5 July 1985.* V. Gianinazzi-Pearson, S. Gianinazzi (Hrsg.), Dijon: CNRS – INRA, 503-506.

5

Rhizodepositionen und ihre Effekte

Rhizodeposition und Stoffverwertung.
10. Borkheider Seminar zur Ökophysiologie des Wurzelraumes.
Hrsg.: W. Merbach, L. Wittenmayer, J. Augustin. B. G. Teubner Stuttgart, Leipzig 2000, S. 127-132.

Kalkulation der Rhizo-C-Deposition in gemüsebaulich genutzten Böden eines Dauerversuches am Standort Großbeeren

Jörg RÜHLMANN und Silke RUPPEL
Institut für Gemüse- und Zierpflanzenbau Großbeeren/Erfurt e. V., Theodor-Echtermeyer-Weg 1, D-14979 Großbeeren

Abstract

A carbon dynamics model was used to calculate the mean annual rhizo-C deposition (C_{RCD}) of a vegetable crop rotation in a long-term experiment with soils having different textures in relation to manure application. It was observed that C_{RCD} increased when i) the soil texture became coarser and ii) also with manure application. This may be becaused of the differences in biological activity of the different soils. Relationship of C_{RCD} to microbial soil parameters was tested by determining the specific respiration activity. A close positive correlation between these two parameters was indicated and also the higher the substrate supply to the microbial biomass the lower their substrate utilization efficiency.

Einleitung

Die dem Boden zugeführte organische Substanz bildet die Quelle für die Reproduktion der organischen Bodensubstanz (OBS). Neben der organischen Düngung und den Ernterückständen stellt die Rhizo-C-Deposition, d. h. der C-Eintrag über Wurzeln und Exsudate (C_{RCD}), eine wesentliche C-Quelle im Hinblick auf langfristig ablaufende Akkumulationsprozesse der organischen Bodensubstanz dar. Da insbesondere die Wurzelexsudate ein mikrobiell sehr leicht verfügbares Substrat sind, werden durch Menge und Qualität der Exsudate jedoch auch sehr kurzfristig ablaufende mikrobielle Umsatzprozesse in ihrer Größe und Geschwindigkeit beeinflußt. Die direkte Quantifizierung der Rhizo-C-Deposition setzt im allgemeinen den Einsatz von Tracern voraus. Ein indirekter Weg zur Bestimmung des in der OBS eingegangenen wurzelbürtigen Kohlenstoffs ergibt sich durch die Analyse der längerfristigen Dynamik des in der OBS enthaltenen Kohlenstoffs (C_{org}). Ziel der Untersuchungen war es daher:

1. die C_{org}-Langzeitdynamik von drei unterschiedlichen, gemüsebaulich genutzten Böden mit einem Modell zu beschreiben, das den für diese Dynamik notwendi-

gen mittleren jährlichen C_{RCD}-Input berechnet,

2. festzustellen, ob Unterschiede im berechneten C_{RCD}-Input in Abhängigkeit von der Textur der Böden und von der organischen Düngung bestehen und
3. zu untersuchen, ob der berechnete C_{RCD}-Input mit dem metabolischen Quotienten, d. h. einem Maß für die mikrobielle C-Verwertungseffizienz, korreliert ist.

Material und Methoden

Modell zur Beschreibung der C_{org}-Langzeitdynamik

Das verwendete Modell beinhaltet drei Terme: das C-Mineralisierungspotential, die C-Abbaurate und die C-Mineralisierungsbedingungen im Feld (Temperatur, Feuchte, Durchlüftung). Zur Bestimmung des C-Mineralisierungspotentials wurde der C_{org}-Gehalt des Bodens in zwei Fraktionen unterteilt:

$$C_{org} = C_{stab} + C_{ums} \quad (1)$$

Dabei ist C_{stab} ein stabilisierter C-Pool mit einem mittleren Alter von mehreren hundert Jahren, dessen Größe demnach im Zeitraum von einigen Jahrzehnten relativ unverändert bleibt und sich in Abhängigkeit von der Textur des Bodens berechnen läßt (RÜHLMANN 1999a). Der verbleibende, im Mittelpunkt der weiteren Betrachtungen stehende umsetzbare Pool (C_{ums}) weist mit <15 Jahren ein deutlich geringeres mittleres Alter auf und stellt das C-Mineralisierungspotential dar.

Die C_{ums}-Abbaurate (k_{ums}) wurde anhand einer Sekundärauswertung von Inkubationsuntersuchungen an europäischen Dauerversuchsböden ermittelt. Dabei wurde folgende Abhängigkeit vom C_{ums}- und vom Tongehalt der Böden (Ton%) festgestellt (RÜHLMANN 1999b):

$$k_{ums} = 0{,}00174\ C_{ums}^{-0{,}516} - 0{,}000023\ \text{Ton\%} \quad (2)$$

Für die Berücksichtigung des Einflusses der im Feld vorherrschenden mittleren jährlichen Temperatur-, Feuchte- und Durchlüftungsbedingungen auf die C-Mineralisierung wurde das von FRANKO und OELSCHLÄGEL (1995) entwickelte Konzept der „Wirksamen Mineralisierungszeit" (WMZ) verwendet. Die WMZ ist dabei die Anzahl von Tagen unter optimalen Inkubationsbedingungen, die notwendig wäre, um den gleichen C-Abbau wie unter den jeweiligen Feldbedingungen innerhalb eines Kalenderjahres zu erzielen.

Das aus den oben genannten drei Termen bestehende Modell zu Beschreibung der C-Dynamik lautet:

$$C_{ums(i)} = [C_{ums(i-1)} + C_{ums\ STM(i)} \times \eta_{STM} + C_{ums\ RCD} \times \eta_{RCD}] \times \exp[-k_{ums} \times WMZ] \quad (3)$$

Demnach wird der C_{ums}-Gehalt des Bodens am Ende des Jahres i aus dem C-Mineralisierungspotential (erste Klammer) und dem Produkt aus Abbaurate und WMZ (zweite Klammer) berechnet. Das Mineralisierungspotential besteht aus dem

C_{ums}-Gehalt am Ende des Vorjahres (i - 1), dem im Jahr i aus Stallmist-C entstanden C_{ums} (mikrobieller Wirkungsgrad η_{STM} = 0,6) und dem aus der mittleren jährlichen C_{RCD}-Zufuhr entstandenen C_{ums} (mikrobieller Wirkungsgrad η_{RCD} = 0,5). Das Modell arbeitet in Jahresschritten. Die Anpassung des Modells an vorhandene Meßwerte erfolgte durch die Minimierung der Abweichungsquadrate zwischen Modell- und Meßwerten. Dafür wurden zwei Parameter genutzt – der C_{ums}-Gehalt des Bodens im ersten Untersuchungsjahr und die mittlere jährliche C_{RCD}-Zufuhr.

Versuchsbeschreibung

Untersuchungsgegenstand ist der Kastenparzellenversuch in Großbeeren. Besonderheit dieses Versuches ist, daß drei unterschiedliche Böden (Sand aus Großbeeren, 4,6 % Ton; Lößlehm aus der Magdeburger Börde, 14,4 % Ton; Auenlehm aus dem Oderbruch, 24,9 % Ton) unter gleichen Bewirtschaftungs- und Witterungsbedingungen geprüft wurden. In die vorliegenden Untersuchungen wurden je Boden die C_{org}-Meßreihen (25 Jahre) der Prüfglieder ohne und mit Stallmistdüngung (1200 kg C je ha und Jahr), jeweils im Mittel von drei N-Düngungsstufen und vier Wiederholungen einbezogen. Die Fruchtfolge beinhaltete die Gemüsearten Weißkohl, Möhre, Gurke, Porree und Sellerie.

Bestimmung des metabolischen Quotienten

Der metabolische Quotient (qCO_2), ein Maß für die spezifische Respirationsaktivität der Bodenmikroflora, wurde berechnet als:

$qCO_2 = 1000 \times R/C_{mic}$ (4)

R – Basalatmungsaktivität in µg CO_2-C je Gramm Boden und Stunde,

C_{mic} – mikrobielle Biomasse nach SIR (Anderson und Domsch 1978) in µg C_{mic} je Gramm Boden)

Ergebnisse und Diskussion

Die Anpassung des Modells an die C_{org}-Meßreihen ist beispielhaft für das Prüfglied mit Stallmistdüngung auf Sandboden in Abb. 1 gezeigt. Hinsichtlich der Anpassungsgüte ist zu bemerken, daß die mittlere Abweichung zwischen Meßwert und Modell für alle sechs Prüfglieder (drei Böden jeweils mit und ohne Stallmist) kleiner als ±4500 kg C/ha war (Rühlmann *et al.* 1997) und damit etwa der von Körschens (1982) angegebenen räumlichen Variabilität dieses Prüfmerkmals (±0,1 % C_{org}) entsprach. Folglich kann davon ausgegangen werden, daß das Modell die C-Dynamik des Bodens mit ausreichender Genauigkeit widergespiegelt hat.

Der durch die Anpassung des Modells an die C_{org}-Meßreihen ermittelte mittlere jährliche C_{RCD}-Input von 1400 bis 2900 kg/ha (Tab. 1) unterstreicht die Bedeutung der Rhizo-C-Deposition für die Versorgung der Böden mit organischer Substanz. Zum Vergleich sei auf die mittlere jährliche Stallmist-C-Zufuhr von 1200 kg/ha (≙ 200 dt Stallmist-Frischmasse/ha) in diesem Versuch hingewiesen.

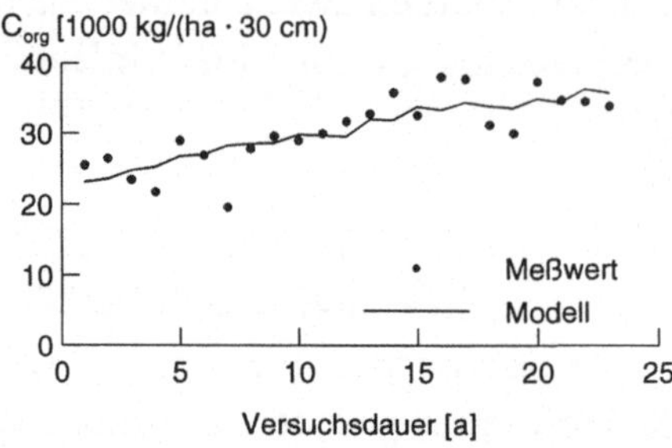

Abb. 1. C_{org}-Dynamik des Bodens (Sandboden mit Stallmistdüngung).

Tab. 1. Sproß-C- und Rhizo-C-Deposition in Abhängigkeit vom Boden und Stallmistart. Mittel des Untersuchungszeitraumes.

Boden	Stallmist	Sproß-C	Rhizo-C	Gesamt-C	Rhizo-C/ Gesamt-C [%]
		kg/(ha · a)			
Sand	mit	4259	2314	6573	35
	ohne	4663	2910	7573	38
Lößlehm	mit	4418	1924	6342	30
	ohne	4742	2206	6948	32
Auenlehm	mit	4544	1370	5914	23
	ohne	4770	1648	6418	26

Während die im Sproß gebundene C-Menge nur relativ geringe Unterschiede im Vergleich der untersuchten Böden aufwies, wurde für C_{RCD} in den Lehmböden deutlich geringere Mengen im Vergleich zu Sandboden berechnet. Daraus resultierend ergaben sich für die Lehmböden niedrigere Anteile von C_{RCD} an der gesamten pflanzlichen C-Bindung. Die Plausibilität der ermittelten Größenordnung von C_{RCD} wird dadurch bestätigt, daß bis auf Auenlehm die C_{RCD}-Anteile an der gesamten pflanzlichen C-Bindung überwiegend in der Spanne von 30 ... 60 % liegen, die LYNCH und WHIPPS (1990) in ihrem Übersichtsbeitrag für verschiedene einjährige

Pflanzenarten angeben. Die Stallmistdüngung führte generell zu höheren C_{RCD}-Mengen. Dieser Effekt war wiederum auf Sandboden am stärksten ausgeprägt. Als mögliche Ursache für den Einfluß der Böden und der Stallmistdüngung auf C_{RCD} werden Unterschiede in der biologischen Aktivität der untersuchten Prüfglieder vermutet. Die biologische Aktivität ist einerseits in gut durchlüfteten Sandböden höher als in feiner texturierten Lehmböden (FRANKO 1997, MÜLLER 1997), andererseits sind Böden mit einem hohen OBS-Gehalt (mit Stallmistdüngung) sowohl aufgrund des höheren und meist diverseren Substratangebotes als auch der verbesserten physikalischen Bodeneigenschaften biologisch aktiver als solche mit niedrigem OBS-Gehalt (EMMERLING *et al.* 1997).

Um zu untersuchen, ob der berechnete C_{RCD}-Input mit einem Parameter für die mikrobielle Aktivität im Boden in Zusammenhang steht, wurde C_{RCD} zum metabolischen Quotienten in Relation gesetzt (Abb. 2).

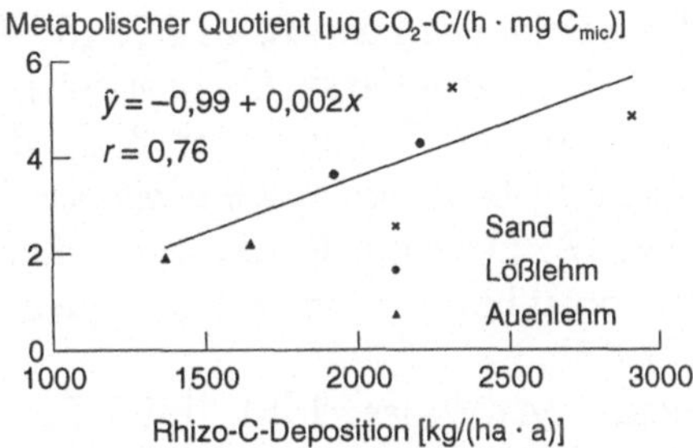

Abb. 2. Zusammenhang zwischen Rhizo-C-Deposition und metabolischem Quotienten.

Im Ergebnis dessen wurde ein enger linearer Zusammenhang festgestellt, der darauf hindeutet, daß ein steigendes Substratangebot für die mikrobielle Biomasse zu einer steigenden biologischen Aktivität im Boden und damit verbunden zu einer sinkenden mikrobiellen Substratverwertungseffizienz führen kann. Diese Zusammenhänge werden von Ergebnissen von HÖPER *et al.* (1997) hinsichtlich des Textureinflusses der Böden auf den metabolischen Quotienten gestützt. Dort wurde für 493 landwirtschaftlich oder als Brache genutzte Bodendauerbeobachtungsflächen in Niedersachsen festgestellt, daß der metabolische Quotent in der Reihenfolge Sandböden — Schluffböden — Lehmböden im Mittel von 1,6 auf 0,92 µg CO_2-C/(h · mg C_{mic}) abnahm, wobei das Maximum für Sandböden bei 13,02 µg CO_2-C/(h · mg C_{mic}) lag. In Bezug auf die Abhängigkeit der biologischen Aktivität des Bodens vom OBS-Gehalt stellten INSAM und DOMSCH (1988) anhand einer Chronosequenz von ackerbaulich genutzten Rekultivierungsböden ebenfalls eine negative Beziehung zwischen dem OBS-Gehalt und dem metabolischen Quotienten fest.

Die Übereinstimmung von eigenen und in der Literatur angegeben Befunden unterstützt den hier vorgestellten Ansatz zur Quantifizierung von C_{RCD} anhand von Dauerversuchsergebnissen. Ein Vergleich zwischen gemüse- und ackerbaulich genutzten Dauerversuchen wird zu einem späteren Zeitpunkt vorgestellt.

Literaturverzeichnis

ANDERSON, J. P. E.; DOMSCH, K. H., 1978: A physiological method for the quantitative measurement for microbial biomass in soil. *Soil Biology and Biochemistry* **10**, 215-221.

EMMERLING, C.; Ritzmann, P.; Schröder, D., 1997: Langzeitwirkung organischer Reststoffe auf bodenbiologische Eigenschaften und den Streuabbau in Weinbergsböden. *Mitteilungen der Deutschen Bodenkundlichen Gesellschaft* **85**, 679-682.

FRANKO, U., 1997: Modellierung des Umsatzes der organischen Bodensubstanz. *Archiv für Acker- und Pflanzenbau und Bodenkunde* **41**, 527-547.

FRANKO, U.; OELSCHLÄGEL, B., 1995: Einfluß von Klima und Textur auf die biologische Aktivität beim Umsatz der organischen Bodensubstanz. *Archiv für Acker- und Pflanzenbau und Bodenkunde* **39**, 155-163.

HÖPER, H.; HEINEMEYER, O.; KLEEFISCH, B., 1997: Erfassung bodenmikrobiologischer Parameter im Rahmen der Bodendauerbeobachtung in Niedersachsen. *Mitteilungen der Deutschen Bodenkundlichen Gesellschaft* **85**, 913-916.

INSAM, H.; DOMSCH, K. H., 1988: Relationship between soil organic carbon and microbial biomass on chronosequences of reclamation sites. *Microbial Ecology* **15**, 177-188.

LYNCH, J. M.; WHIPPS, J. M., 1990: Substrate flow in the rhizosphere. *Plant and Soil* **129**, 1-10.

KÖRSCHENS, M., 1982: Untersuchungen zur zeitlichen Variabilität der Prüfmerkmale C_t und N_t auf Löß-Schwarzerde. *Archiv für Acker- und Pflanzenbau und Bodenkunde* **26**, 9-13.

MÜLLER, T., 1997: The microbial activity as a function of the soil clay content. *Mitteilungen der Deutschen Bodenkundlichen Gesellschaft* **85**, 569-570.

RÜHLMANN, J., 1999a: A new approach to estimating the pool of stable organic matter in soil using data from long-term field experiments. *Plant and Soil* [im Druck].

RÜHLMANN, J., 1999b: Estimation of the decomposable soil organic matter pool depending on texture and soil organic matter content and ist relation to the nitrogen uptake of plants. *10th Nitrogen Workshop, 23. - 26. August 1999, Copenhagen, Poster-Präsentation.*

RÜHLMANN, J.; LETTAU, T.; KUZYAKOV, J.; GEYER, B., 1997: Carbon dynamics of three different textured top soils in a long-term experiment. *Symposium 'Organic Matter Application and Element Turnover in Disturbed Terrestrial Ecosystems'. 13. - 15. November 1999, Cottbus, Poster Präsentation.*

Rhizodeposition und Stoffverwertung.
10. Borkheider Seminar zur Ökophysiologie des Wurzelraumes.
Hrsg.: W. Merbach, L. Wittenmayer, J. Augustin. B. G. Teubner Stuttgart, Leipzig 2000, S. 133-138.

Bakterielle Besiedlung von Rapswurzeln und deren Aktivität bei unterschiedlicher Substratverfügbakeit

Silke RUPPEL*, Carmen FELLER*, Andreas GRANSEE‡ und Wolfgang MERBACH‡

*Institut für Gemüse- und Zierpflanzenbau Großbeeren/Erfurt e. V., Theodor-Echtermeyer-Weg 1, D-14979 Großbeeren; ‡Institut für Bodenkunde und Pflanzenernährung der Martin-Luther-Universität Halle - Wittenberg, Adam-Kuckhoff-Straße 17 b, D-06108 Halle/Saale

Abstract

The effect of phosphate fertilizer formulations (without P fertilization, with sparingly soluble $CaHPO_4$ and with easily available NaH_2PO_4) on the microbial growth, the substrate utilization activity and the functional diversity of rhizosphere bacterial communities was investigated under greenhouse conditions using quartz sand. In addition, the relationship between ^{14}C-exudate composition and the bacterial substrate utilization activity was also analysed.

A close relationship between substrate availability and the substrate utilization activity of the rhizosphere bacterial community was found. The community structure seems to adapt with different nutritional conditions in the rhizosphere, depending on their location at the root (root tip or root base) and availability of different carbon sources after a change in plant nutrition.

Einleitung

Ergebnisse zur Wurzelabscheidung nach ^{14}C-Pulsmarkierung der Pflanzen ergaben unterschiedliche Mengen an Wurzelabscheidungen an der Wurzelbasis und den Wurzelspitzen (GRANSEE und RUPPEL 1999). Außerdem war die Zusammensetzung der Abscheidungen abhängig von der Düngung der Pflanzen (SCHILLING *et al.* 1998). Einjährige Kulturpflanzen haben eine jährliche Rhizodeposition von bis zu 3,9 t/ha (LYNCH und WHIPPS 1990), wovon ein hoher Anteil als Kohlenstoffquelle den Rhizosphärenmikroben zugänglich ist (MERBACH *et al.* 1999). Von der Kohlenstoffverfügbarkeit wiederum wird maßgeblich das Bakterienwachstum und die Expression der Enzyme beeinflußt (RUPPEL 1999). Um die mikrobiell bedingten Nährstofftransformationsprozesse in der Rhizosphäre besser verstehen zu können, sind Kenntnisse über die Wurzelbesiedlung mit Bakterienpopulationen und deren spezifischer Wachstumsrate erforderlich. Dazu sollten die vorliegenden Untersuchungen einen Beitrag lseisten, wobei Wurzelspitzen und Wurzelbasis von Rapspflanzen wegen ihrer unterschiedlichen Exsudation (s. oben) verglichen wurden.

Material und Methoden

Im Gefäßversuch in Quarzsand wurde Raps (Sorte ‚Forte') unter optimaler Ernährung angezogen. Nur die P-Düngung wurde wie folgt variiert: ohne P, mit $CaHPO_4$ oder mit NaH_2PO_4 (jeweils 833 mg P je kg Quarzsand). Sechs Wochen nach Aufgang der Pflanzen wurden diese geerntet und die Wurzeln in drei Segmente unterteilt (Gransee und Ruppel 1999). An den Segmenten „Wurzelbasis" und „Wurzelspitze" (ca. 0,2 g je Wiederholung), die vor der gesamten Aufbereitung der Pflanzen unter sterilen Bedingungen entnommen wurden, erfolgte die Analyse der Bakterienzellzahlen, der bakteriellen Populationsstruktur und deren Aktivität. Diese Proben wurden bei 4 °C mit je zehn Glasperlen in 45 ml 0,05 M NaCl-Lösung geschüttelt, anschließend bei 2500 U/min für 5 min zentrifugiert, um die Wurzeln vom Überstand zu trennen. Die Überstände wurden erneut bei 5300 U/min für 20 min zentrifugiert, um die Bakterien zu sedimentieren. Anschließend wurden die Bakterien zweimal in steriler physiologischer Kochsalzlösung durch Zentrifugation gewaschen, um die restlichen Wurzelexsudate zu entfernen. In dieser Suspension wurden die Gesamtzellzahl der Bakterien (Komplexnährmedium nach Hirte 1961) und die Zellzahl der *Enterobacteriaceae* (Endo-Medium, Serva) mittels der MPN-Methode bestimmt (Cochran 1950). Mit gleicher Suspension wurden Biolog-Gram-negativ- und -Gram-positiv-Testplatten mit 150 µl je Kavität inokuliert, bei 29 °C im Dunklen inkubiert und nach 6, 24, 30, 48, 54 und 72 h am Testplattenphotometer bei einer Wellenlänge von 590 nm die Extinktion gemessen. Anhand der Färbung und der Farbtiefe kann die Substratverwertungsaktivität der Bakterienflora je Substrat bestimmt werden. Die Fläche unter der Farbentwicklungskurve dient zur Berechnung der Diskriminanzfunktion. Die Gesamtaktivität der Bakterienflora ist die Summe der Extinktionswerte aller Substrate, die durchschnittliche Aktivität ist der Mittelwert der Extinktionswerte aller Substrate. Die C-Quellen der Biolog-Platten wurden in die Gruppe der Kohlenhydrate, Carbonsäuren, Aminosäuren, Amine/Amide, Polymere und sonstige (Garland und Mills 1991) eingeordnet, um die durchschnittliche Substratverwertung je Substratgruppe bestimmen zu können. Mittels Diskriminanzanalyse wurden die C-Quellen ermittelt, die die bakterielle funktionelle Diversität der Varianten verursachen und für deren Trennung verantwortlich sind. Die Richtigkeit der Klassifikation wird in der Klassifikationsmatrix berechnet und als Prozent Wahrscheinlichkeit der Klassifikation angegeben. Die spezifische Wachstumsrate der Bakterienflora wird anhand der Farbentwicklung während des exponentiellen Wachstums (während dieser Zeit ist laut Definition der Batch-Kultur das Wachstum nicht substratlimitiert) der Bakterienflora nach folgender Formel berechnet: $\mu = dx/dt$, wobei μ die spezifische Wachstumsrate je Einheit Farbentwicklung (d. h. je Einheit Aktivität der Bakterienflora) für die Aktivitätsänderung dx über die Zeit dt ist.

Die $^{14}CO_2$-Begasung und Wurzelexsudatanalyse wurde nur an den Kontrollpflanzen ohne P-Düngung und den mit leicht verfügbarem P-gedüngten Pflanzen durchgeführt (Gransee und Ruppel 1999).

Ergebnisse und Diskussion

Die ^{14}C-Exsudation der Rapswurzeln war an Pflanzen, die keine Phosphor-Düngung erhielten, mit 1,66 kBq je g Wurzel-Trockenmasse (TM) wesentlich geringer als die der Wurzeln, die mit leicht verfügbarem Phosphor gedüngt wurden (2,15 kBq je g Wurzeltrockenmasse) (Schilling *et al.* 1998). Ebenso war die Exsudatmenge an den Wurzelspitzen im Mittel beider Düngungsvarianten leicht erhöht im Vergleich zur Wurzelbasis, besonders in der Substratgruppe der Kohlenhydrate (Gransee und Ruppel 1999).

Mit steigender Exsudatmenge, das heißt in der Variante mit leicht verfügbarem P, war eine Zunahme der Gesamtbakterienzellzahl zu verzeichnen. Die Keimzahl der *Enterobacteriaceae* war jedoch in der Variante ohne P-Düngung an den Wurzelspitzen am höchsten (Abb. 1). Es blieb offen, ob diese Verschiebung der Populationsdichte der Familie der *Enterobacteriaceae* auf eine Veränderung in der funktionellen Diversität der Bakterienflora bei unterschiedlicher P-Düngerapplikation und an unterschiedlichen Wurzelregionen hinweist, wie sie bereits bei Mais gezeigt werden konnte (Ruppel *et al.* 1999). Die Berechnung der Diskriminanzfunktion auf der Basis der C-Verwertungsmuster der rhizosphären Bakterienflora ergab eine 94,4%ige Klassifikation in die drei P-Düngervarianten. Die Mahalanobisdistanzen zwischen der Kontrolle ohne P-Düngung und der mit $CaHPO_4$-gedüngten Variante von 142 bzw. der Kontrolle und der mit NaH_2PO_4-gedüngten Variante von 87 widerspiegeln eine hohe räumliche Distanz der korrelierten Variablen, während der Abstand zwischen den beiden P-Düngerformen mit 7,4 wesentlich geringer war (am Beispiel der Stoffgruppe der Amine/Amide).

Das heißt, die Bakterienflora wird in ihrer funktionellen Diversität signifikant durch die Nährstoffverfügbarkeit (C-Quellen) in der Rhizosphäre der jeweiligen Pflanzenart beeinflußt. Diese Hypothese wird durch den in Tab. 1 aufgeführten Vergleich der Wurzelexsudatmengen und der durchschnittlichen Substratverwertungsaktivität der Rhizosphärenbakterienflora der einzelnen Substratgruppen bestätigt.

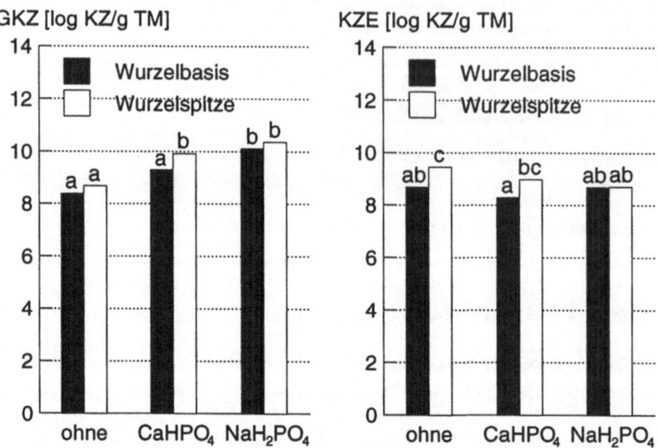

Abb. 1. Gesamtkeimzahl (GKZ) der Bakterien und Keimzahl der Bakterien aus der Familie *Enterobacteriaceae* (KZE) an der Wurzelbasis und den Wurzelspitzen von Raps in Abhängigkeit von der den Pflanzen verabreichte P-Düngerform. Angaben in log KZ je Gramm Wurzeltrockenmasse.

Tab. 1. Durchschnittliche Substratverwertungsaktivität der Rhizosphärenflora (Farbentwicklungswerte, Extinktion bei 590 nm) und ^{14}C-Exsudation (kBq/g Wurzel-TM) der Rapswurzeln je Substratgruppe von Pflanzen, die ohne (-P) und mit leicht verfügbarem Phosphat (+P) gedüngt wurden.

Substratgruppe	Substratverwertungsaktivität		Wurzelexsudation	
	-P	+P	-P	+P
Kohlenhydrate	0,78	1,22	0,4	0,53
Carbonsäuren	0,57	0,48	0,34	0,39
Aminosäuren	0,31	0,45	0,36	0,37

Zwischen beiden Merkmalen bestand eine enge Korrelation (r = 0,9*), das heißt, die Bakterienflora stellten sich in ihrem Kohlenstoffmetabolismus auf die ihr zur Verfügung stehenden C-Quellen ein.

Ebenso unterschied sich die Bakterienflora in ihrer funktionellen Diversität zwischen der Wurzelbasis und der Wurzelspitze. Die Berechnung der Diskriminanzfunktion auf der Basis der C-Verwertungsmuster ergab eine Trennung der Wurzelspitzen (100 % Wahrscheinlichkeit der Klassifikation) und Wurzelbasis (67 %) (am Beispiel der Substratgruppe der Kohlenhydrate auf GN-Biolog-Platten). Mit der unterschiedlichen Struktur der Bakterienflora in der Rhizosphäre und der differenzierten Menge sowie Zusammensetzung der Wurzelabscheidungen – in Abhängigkeit von der Wurzelregion und der Ernährung der Pflanzen – war eine variable spezifische Wachstumsrate der Bakterienflora verbunden (Tab. 2).

Tab. 2. Spezifische Wachstumsrate der Baktereinflora, berechnet im Durchschnitt für jede Substratgruppe. Dargestellt ist der Einfluß der Wurzelregion und der Einfluß der P-Düngerform jeweils als Hauptwirkung sowie die mittlere spezifische Wachstumsrate aller Variante je Substratgruppe.

Substratgruppe	Wurzelregion		P-Düngung			Mittel aller Varianten
	Spitze	Basis	ohne	$CaHPO_4$	NaH_2PO_4	
Kohlenhydrate	0,022	0,030	0,025	0,026	0,028	0,026
Carbonäuren	0,018	0,022	0,023	0,020	0,016	0,020
Aminosäuren	0,034	0,027	0,045	0,022	0,028	0,030
Amine/Amide	0,009	0,009	0,008	0,010	0,010	0,009
Polymere	0,019	0,002	0,024	0,018	0,020	0,021
sonstige	0,013	0,024	0,017	0,016	0,021	0,018

Die spezifische Wachstumsrate schwankte von 0,008 bis zu 0,045 als Änderung des Extinktionswertes je Stunde, das heißt um das 5,6fache in Abhängigkeit von der Substratgruppe und der Nährstoffverfügbarkeit. Die höchste spezifische Wachstumsrate zeigte die Bakterienflora in der Substratgruppe der Aminosäuren, gefolgt von den Kohlenhydraten, Polymeren und Carbonsäuren (Tab. 2, letzte Spalte). Die spezifische Wachstumsrate war an der Wurzelbasis höher als an der Wurzelspitze. Eine Ausnahme bildeten die Aminosäuren und die Polymere. Diese bewirkten an der Wurzelspitze ein höheres Bakterienwachstum. Die Ergebnisse zeigten einen Einfluß der P-Ernährung der Rapspflanzen und der Wurzelregion sowohl auf die Wurzelexsudatmengen und deren Zusammensetzung als auch auf die funktionelle Diversität und Substratverwertungsaktivität der Rhizosphärenbakterienflora. Aus früheren Untersuchungen ist bekannt, daß spezifische Enzymexpressionen einzelner Bakterienstämme, z. B. die Verwertung schwer löslicher Phosphate oder die biologische Luftstickstoffbindung, sehr stark von der verfügbaren Kohlenstoffquelle abhängen (Deubel 1996, Ruppel 1999). Kenntnisse über die Veränderung der mikrobiellen Diversität, die spezifische Wachstumsrate der Mikroflora und deren Substratverwertungsaktivität in der Rhizosphäre sind wichtig, um die Prozesse der Nährstofftransformationen zu verstehen und für die Bewertung der Nährstoffnachlieferung nutzen zu können.

Literaturverzeichnis

Cochran, W. G., 1950: Estimation of bacterial densities by means of the most probable number. *Biometrics* **6**, 105-116.

Deubel, A., 1996: *Einfluß wurzelbürtiger organischer Kohlenstoffverbindungen auf Wachstum und Phosphatmobilisierungsleistung verschiedener Rhizosphärenbakterien.* Dissertation, Martin-Luther-Universität Halle - Wittenberg.

Garland, J. L.; Mills, A. L., 1991: Classification and characterization of heterotrophic microbial communities on the basis of patterns of community-level sole-carbon-source utilization. *Applied and Environmental Microbiology* **57**: 2351-2359.

Gransee, A.; Ruppel, S., 1999: Die räumliche Verteilung der Abgabe von Wurzelabscheidungen von Raps- und Maispflanzen. In: *Stoffumsatz im wurzelnahen Raum. 9. Borkheider Seminar zur Ökophysiologie des Wurzelraumes.* W. Merbach, L. Wittenmayer, J. Augustin (Hrsg.) — Stuttgart, Leipzig: B. G. Teubner Verlag, 105-109.

Hirte, W. F., 1961. Glycine-Pepton-Agar: ein vorteilhafter Nährboden für bodenbakteriologische Arbeiten. *Zentralblatt für Bakteriologie, Abteilung II,* **114**: 141-146.

Lynch, J. M.; Whipps, J. M., 1990: Substrate flow in the rhizosphere. *Plant and Soil* **129**: 1-10.

Merbach, W.; Mirus, E.; Knof, G.; Remus, R.; Ruppel, S.; Russow, R.; Gransee, A.; Schulze, J., 1999: Release of carbon and nitrogen compounds by plant roots and their possible ecological importance. *Journal of Plant Nutrition and Soil Science* **162**, 373-383.

Ruppel, S., 1999: Bedeutung der rhizosphären- und endophytischen Bakterien für die Pflanzenernährung. *Archives of Agronomy and Soil Science* [im Druck].

Ruppel, S.; Feller, C.; Gransee, A., 1999: Einfluß der P-Ernährung und der Applikation P-lösender Bakterien auf die funktionelle Diversität der Rhizosphärenmikroflora von Mais. In: *Stoffumsatz im wurzelnahen Raum. 9. Borkheider Seminar zur Ökophysiologie des Wurzelraumes.* W. Merbach, L. Wittenmayer, J. Augustin (Hrsg.) — Stuttgart, Leipzig: B. G. Teubner Verlag, 125-130.

Schilling, G.; Gransee, A.; Deubel, A.; Ležovič, G.; Ruppel, S. 1998: Phosphorus availability, root exudates, and microbial activity in the rhizosphere. *Journal of Plant Nutrition and Soil Science* **161**, 465-478.

Rhizodeposition und Stoffverwertung.
10. Borkheider Seminar zur Ökophysiologie des Wurzelraumes.
Hrsg.: W. Merbach, L. Wittenmayer, J. Augustin. B. G. Teubner Stuttgart, Leipzig 2000, S. 139-145.

Bestimmung des N-Transfers von Luzerne zu assoziierten Graspflanzen in Gefäßversuchen

Heidrun Beschow, Joachim Schulze, Wolfgang Merbach
Institut für Bodenkunde und Pflanzenernährung der Martin-Luther-Universität Halle - Wittenberg, Adam-Kuckhoff-Straße 17 b, D-06108 Halle/Saale

Abstract

The isotope dilution method was used to study the dinitrogen fixation of alfalfa (*Medigaco sativa* L. cv. 'Saranac') and the N transfer into ryegrass (*Lolium perenne* L.) in a pot experiment with low (20 mg N/pot) and high (400 mg N/pot) fertilization. An isogenic, nodulating but non nitrogen-fixing line of alfalfa 'Insaranac' was used as a reference crop. Dry matter and N yield of grass increased, when grown in mixture with legumes. Fixed N was transferred to the grass in the 20 mg N treatment and made up 50 % of the N in the grass at harvest, while only a slight N transfer could be detected in the 400 mg N treatment. It is concluded that the N transfer dependens strongly on the N content in the substrate.

Einleitung

N_2-fixierende Pflanzen werden zusammen mit nichtfixierenden Pflanzen angebaut, um deren N-Ernährung und Wachstum zu verbessern. Als Ursache wird der N-Transfer von N_2-fixierenden Pflanzen zu nichtfixierenden Nachbarpflanzen angesehen (Brophy *et al.* 1987). Er ist abhängig von den Pflanzenart und der Umwelt (Ladha *et al.* 1992, Peoples und Craswell 1992), soll schnell über Wurzelabscheidungen (Ta *et al.* 1986) und langsam über die Mineralisierung von abgestorbenen Knöllchen und Wurzelteilen erfolgen (Ta und Faris 1987). N kann ebenfalls von der Nichtleguminose zur Leguminose transferiert werden (Tomm *et al.* 1994). In der vorliegenden Arbeit sollte in einem Modellversuch der Netto-N-Transfer von Luzerne (*Medigaco sativa* L.) zu Weidelgras (*Lolium perenne* L.) quantifiziert werden.

Material und Methoden

Methoden zur Bestimmung der N_2-Fixierung und des N-Transfers

Zur Bestimmung der N_2-Fixierung und eines möglichen Transfers dieses fixierten N bei Mischanbau wurden inzwischen mehrere Methoden entwickelt, deren Vor- und Nachteile in Tab. 1 zusammengefasst sind (Herridge und Danso 1995, Merbach und SCHILLING 1980, RUSSOW *et al.* 1997, RUSSOW und FAUST 1990). Für die nachfolgend zu besprechenden Untersuchungen wurde die ^{15}N-Isotopenverdünnungsanalyse (8) ausgewählt.

Tab. 1. Methoden zur Quantifizierung der N_2-Fixierung (N_{fix}) und des Anteils der N_2-Fixierung am Gesamt-N (N_{total}) in der N_2-fixierenden Pflanze ($P_{fix,\ leg}$) sowie in der nichtfixierenden Pflanze ($P_{fix,\ nonleg}$ = N-Transfer), Charakteristika (+) und Voraussetzungen (-).

1 N-Ertrag – Bestimmung von N_{fix}
+ einfach; bei Substraten mit sehr geringem Anteil an pflanzenverfügbarem N.
- Anteil des Boden-N wird ignoriert, nur anwendbar auf Sandkulturen

---

2 N-Differenz (ohne ^{15}N-Markierung) – Bestimmung von N_{fix}
$N_{fix} = (N_{leg} - N_{nonleg}) - (\text{Boden-}N_{leg} - \text{Boden-}N_{nonleg})$
+ größere Genauigkeit als bei erster Methode; bei Substraten mit sehr geringem Anteil an pflanzenverfügbarem N und hohem Gesamt-N-Gehalt in der Pflanze.
- Nichtleguminose als Referenzpflanze; keine Differenzen in der Wurzelmorphologie und in der Nutzung des Boden-N bei Leguminose und Nichtleguminose.

---

3 Xylem-N-Verbindungen (Bestimmung von Ureiden) – Bestimmung von $P_{fix,\ leg}$
Bei Sojabohnen im vegetativen Stadium: $P_{fix} = 1{,}56(RU - 7{,}7)$; RU – relative Anreicherung von Ureid-N im Xylem
+ enge Korrelation zwischen relativem Ureid-N-Gehalt am Gesamt-N-Gehalt im Xylemsaft und dem Anteil der N_2-Fixierung an der N-Ernährung (P_{fix}).
- Transport von fixiertem N als Ureide; Berücksichtigung des Asparagin/Glutamin-Verhältnisses bzw. des Nitratgehaltes; bisher keine Validierung für Feldversuche.

---

4 Acetylenreduktionstest – Bestimmung von N_{fix}
+ schnell, einfach, hoch sensitiv, mit Gaschromatographie.
- Verhältnis zwischen C_2H_4-Produktion und N_2-Fixierung sollte exakt determiniert sein (Linearität), Einfluß von Umwelt und Pflanze muß berücksichtigt werden.

---

5 N-Bilanzierung (mit ^{15}N-Markierung über Düngergabe) – Bestimmung von N_{fix} und $P_{fix,\ leg}$ und **N-Transfer**
$N_{fix} = (\text{Gesamt-}N_{leg} - \text{Gesamt-}N_{nonleg}) - (\text{aufgenommener Dünger-}N_{leg} - \text{aufgenommener Dünger-}N_{nonleg})$
+ allgemeine Gleichung zur Berechnung der N_2-Fixierung für verschiedene ^{15}N-Methoden.
- Verhältnis von aufgenommenem Dünger-N zu Boden-N für Leguminose und nichtfixierender Vergleichspflanze proportional zur N-Verfügbarkeit (ähnliche physiologische Wachstumsstadien, proportionale N-Aufnahme).

---

6 Natürliche ^{15}N-Abundanz (δ^{15}N) in ‰ Bestimmung von $P_{fix,\ leg}$
$P_{fix} = (\delta^{15}N_{nonleg} - \delta^{15}N_{leg})/(\delta^{15}N_{nonleg} - B)$; $B = \delta^{15}N_{leg}$ in N-freiem Substrat
+ integrative Bestimmung von P_{fix}; Anwendbar in allen Experimenten mit nichtfixierenden Refenzpflanzen.
- sehr geringe Änderungen müssen detektierbar sein; keine Kontamination; Isotopen-Massenspektrometer notwendig; δ^{15}N Boden >6.

---

7 ^{15}N-Bilanzierung unter Verwendung eines uniform ^{15}N-markierten Bodens – Bestimmung von $P_{fix,\ leg}$
$P_{fix} = 1 - \text{at\%-exc.}_{leg}/\text{at\%-exc.}_{soil\ (plant\ available)}$
+ keine Referenzpflanze erforderlich.
- uniform mit ^{15}N markierter Boden; gleichmäßige ^{15}N-Markierung in der Pflanze nötig.

---

8 ^{15}N-Anreicherung unter Verwendung von Referenzpflanzen – Bestimmung von N_{fix} und $P_{fix,\ leg}$ und **N-Transfer**
$P_{fix,\ nonleg} = 1 - \text{at\%-exc.}_{leg}/\text{at\%-exc.}_{nonleg}$
+ Standardmethode; integrative Bestimmung von P_{fix} (bis zur Ernte); P_{fix} ertragsunabhängig; Fehlerminimierung durch Nutzung isogener Linien als Referenzpflanzen.
- Aufnahme von N aus zugegebenem ^{15}N und Boden durch Leguminose und nichtfixierender Referenzpflanze mit gleichen relativen Anteilen, d. h. Wurzelvolumen und -verteilung müssen sich ähneln.

Sie beruht auf dem Prinzip, daß nach Zugabe von ^{15}N zum Boden eine Verdünnung des aufgenommen ^{15}N in der Pflanze durch N aus der N_2-Fixierung auftritt, die durch Messung der ^{15}N-Abundanz in der gesamten Pflanze erfasst werden kann. Diese Methode kann nicht nur zur Bestimmung der N_2-Fixierung dienen, sondern ermöglicht auch eine integrative und ertragsunabhängige Ermittlung des N-Transfers über die gesamte Wachstumsperiode. Voraussetzung ist eine Referenzpflanze, die analog zur Leguminose N aus der zugegebenen ^{15}N-Verbindung und dem Substrat-N mit gleichen relativen Anteilen aufgrund gleicher Wurzelverteilung und gleichen Wurzelvolumens nutzt. Eine nichtfixierende Isolinie einer Leguminose ist damit besser als Referenzpflanze geeignet als eine Nichtleguminose, um den aus Dünger und Substrat aufgenommenen N zu ermitteln. In unseren Untersuchungen wurde zu diesem Zweck die zwar nodulierende, aber nicht fixierende Luzernelinie ‚Insaranac' im Vergleich zu der N_2-fixierenden Sorte ‚Saranac' verwendet. Als Graspartner diente Weidelgras ‚Livree'. Eine Beprobung des Substrates, die sich aufgrund der N-Dynamik im Substrat und der wachstumsabhängigen N-Aufnahme der Pflanze als schwierig erweist, ist durch die Nutzung der isogenen Linie nicht zwingend nötig (Russow und Faust 1990).

Versuchsdurchführung

Die Pflanzenanzucht von Luzerne und Deutschem Weidelgras erfolgte in Mitscherlichgefäßen mit N-freiem Quarzsand als Substrat bei 60 % WK_{max}. Zur Inokulation der Luzerne wurde *Rhizobium meliloti*, Stamm ‚120F81' (DSM, Braunschweig) verwendet. Die N-Düngungsstufen (als KNO_3 mit 10 at.-% ^{15}Nexc.) wurden differenziert, um den N-Transfer bei einer sehr niedrigen, aber für Gras notwendigen N-Gabe (20 mg N/Gefäß) und bei höheren, bodenähnlichen N-Gehalten (2 × 200 mg N/Gefäß) bestimmen zu können. Es wurden drei Reinkulturen (Deutsches Weidelgras, Luzerne ‚Insaranac', Luzerne ‚Saranac') und zwei Mischkulturen (Gras und Luzerne ‚Insaranac', Gras und Luzerne ‚Saranac') mit vier Wiederholungen je Düngungsstufe angelegt.

Die Pflanzenanzahl betrug pro Gefäß in Reinkultur je 25 Pflanzen und in Mischkultur zehn Graspflanzen und 15 Luzernepflanzen. Die Versuchsdauer umfaßte zwölf Wochen. Sproß und Wurzeln wurden jeweils getrennt geerntet (Luzernewurzel visuell separiert und alle Restwurzeln dem Gras zugerechnet) und die Trockenmasse, der C- und N-Gehalt sowie die ^{15}N-Abundanz bestimmt (vario-EL Elementaranalysator, Firma Elementar-Analysensysteme GmbH, Hanau, mit gekoppeltem NOI 7, Firma Fischer-Analysen-Instrumente GmbH, Leipzig).

Berechnung des N-Transfer (Anteil des N_{fix} an N_{Gesamt})

Der N-Transfer kann nach CHALK (1998) unter alleiniger Nutzung der gemessenen at.-% ^{15}Nexc.-Werte in Graspflanzen (Sproß und Wurzel) von den Mischkulturen mit ‚Saranac' (Gras und Leguminose) und ‚Insaranac' (Gras und Nichtleguminose) berechnet werden:

$$\text{N-Transfer} = \left(1 - \frac{\text{at.-\%}\,^{15}\text{Nexc.}_{\text{Gras (Gras+Leguminose)}}}{\text{at.-\%}\,^{15}\text{Nexc.}_{\text{Gras (Gras+Nichtleguminose)}}}\right) 100$$

Ergebnisse und Diskussion

Tabelle 2 zeigt, daß Trockenmasse und N-Ertrag von Gras bei der geringsten Düngungsstufe in Mischkultur mit fixierender Luzerne, aber bei Erhöhung der

Tab. 2. Trockenmasse, N-Ertrag und Wurzel/Sproß-Verhältnis von Deutschem Weidelgras in Rein- und Mischkultur mit Luzerne, berechnet auf zehn Graspflanzen je Gefäß.

Kultur	N-Düngung [mg/Gefäß]	Trockenmasse		N-Ertrag		Sproß/Wurzel-Verhältnis
		g	%	mg N	%	
Reinkultur	20	3,3	100	8,4	100	4,5
	400	22,4	100	139,8	100	2
Mischkultur mit nichtfixierender Luzerne	20	4,6	139	19,2	228	2,8
	400	28,9	129	224,5	175	1,6
Mischkultur mit fixierender Luzerne	20	5,7	173	47,1	561	3,8
	400	21,3	95	216,1	155	1,3
GD ($P \leq 0{,}05$, t-Test)	20	2,2		13,6		
	400	4,3		34,9		

Düngung in Mischkultur mit nichtfixierender Luzerne gegenüber Gras in Reinkultur am meisten gefördert wurden. Die Ursachen für letzteres Phänomen können in einer besseren Nutzung des mineralischen N durch Gras liegen. Über ein analoges Ergebnis wurde auch bei Mischkulturen von fixierenden und nichtfixierenden Bohnen mit Mais im Gewächshaus berichtet (GILLER *et al.* 1991). Das Wurzel/Sproß-Verhältnis von Gras verringerte sich mit zunehmender Düngung und in Mischkultur mit Luzerne. Aus Tab. 3 ist zu entnehmen, dass sich die N_2-Fixierung (N_{fix}) von Luzerne ‚Saranac' mit zunehmender Düngungsmenge pro Gefäß um 10 % verringerte, aber bezogen auf die Trockenmasse um fast die Hälfte sank. In

Tab. 4 wurde die N-Bilanz von Gras in Rein- und Mischkultur mit Luzerne bei beiden Düngungsstufen zusammengefaßt. Als N-Quellen für Gras kamen bei diesem Versuch neben Nutzung von N aus dem Dünger offenbar auch N-Depositionen aus der Luft (4,3 g/m^2, SCHLIEPHAKE *et al.* 1997) sowie fixierter N_2 in Frage.

Tab. 3. Trockenmasse, N-Gehalt, ^{15}N-Anreicherung und N_2-Fxierung von Luzerne, Sorte ‚Saranac' in Mischkultur mit Gras.

N-Düngung [mg/Gefäß]	Trocken-masse [g/Gefäß]	N-Gehalt [%]	^{15}N-Anreicherung in Luzerne [at%-exc.]		N_2-Fixierung* N_{fix}	
			fix ‚Saranac'	nonleg ‚Insaranc'	mg/Gefäß	mg/g TM
20	11,9	2,8	0,173	5,242	322,2	27,1
400	20,9	2,18	2,621	7,241	290,7	13,9

*) nach DANSO und KUMARASINGHE (1990): N_{fix} [%] = 1 - at.-% exc.$_{fix}$/at.-% exc.$_{nonleg}$ [%]; N_{fix} [mg/Gefäß] = TM [g/Gefäß] × N [%] × N_{fix} [%].

Tab. 4. N-Bilanz von Gras in Rein- und Mischkultur mit Luzerne. Angaben in mg, berechnet auf zehn Graspflanzen je Gefäß.

Kultur	N-Düngung [mg/Gefäß]	N-Ertrag	Dünger-N	N-Deposition	N-Transfer zu Gras
Reinkultur	20	8,4	4,8	3,6	
	400	139,8	123,5	16,3	
Mischkultur mit nicht-fixierender Luzerne	20	19,2	10,5	8,7	
	400	244,5	211	23,5	
Mischkultur mit fixierender Luzerne	20	47,1	12,3	8,7	26,1
	400	216,1	187,5	23,5	5,1

N-Ertrag = (Sproß-N + Wurzel-N) - Samen-N;
Dünger-N =(mg ^{15}Nexc. im Sproß - mg ^{15}Nexc. in Wurzel) × 10;
N-Deposition$_{nichtfix}$ = N-Ertrag - Dünger-N (berechnet);
N-Transfer$_{Gras}$ = N-Ertrag - Dünger-N - N-Deposition$_{fix}$
(N-Depostion$_{nichtfix}$ = N-Depostion$_{fix}$).

Unter der Annahme, dass die N-Deposition bei Gras in Mischkultur mit nichtfixierender Luzerne und fixierender Luzerne gleich ist, wurde der Transfer von N zu Gras aus der Differenz zwischen N-Ertrag und Aufnahme von N aus dem

Dünger und den N-Depositionen pro Gefäß berechnet. Der ertragsunabhängige Transfer von N aus der N_2-Fixierung zu Gras konnte jedoch schneller und einfacher nach Messung der Isotopenverdünnung (at.-%-$^{15}N_{exc}$-Werte) in Gras aus Mischkultur mit nichtfixierender und fixierender Luzerne (Tab. 5) berechnet werden und stimmte gut mit den Werten aus N-Bilanzmessungen (Tab. 4) überein.

Tab. 5. ^{15}N-Anreicherung und N-Transfer zu Deutschem Weidelgras in Mischkultur zu Luzerne.

N-Düngung [mg/Gefäß]	^{15}N-Anreicherung [at%-exc.]		N-Transfer	
	Gras + ‚Saranac‘	Gras + ‚Insaranac‘	%	mg/Gefäß
20	2,403	4,867	50,6	23,8
400	8,321	8,673	4,1	8,9

Der Transfer war stark abhängig vom N-Angebot im Substrat, was mit der sinkenden N_2-Fixierung bei zunehmender Düngung zusammenhängt (Tab. 3). Fehler bei der Bestimmung können jedoch durch die zusätzliche N-Deposition aus der Luft, den Transfer von N, der nicht aus der N_2-Fixierung stammt, und eine erschwerte Separierung der Wurzeln in Mischkulturen aufgetreten sein. Erstere Fehlerquelle soll zunächst durch Bestimmung des verbliebenen N im Substrat und Aufstellung einer vollständigen N-Bilanz eingeschränkt werden. Es soll außerdem geprüft werden, ob Luzerne- und Graswurzeln durch Anfärbemethoden unterschieden werden können. Im Mittelpunkt weiterer Versuche sollen eine nähere Quantifizierung des N-Transfers mit Boden als Substrat und die Aufklärung der Mechanismen durch Bestimmung der Wurzelexsudation, der Mineralisierung von Wurzeln und Knöllchen und des N-Transfers (Gras — Luzerne) stehen.

Literaturverzeichnis

Brophy, L. S.; Heichel, G. H.; Russell, M. P., 1987: Nitrogen transfer from forage legume to grass in a systematic planting design. *Crop Science* **27**, 753-758.

Chalk, P. M., 1998: Dynamics of biologically fixed N in legume-cereal rotations: a review. *Australian Journal of Agricultural Research* **49**, 303-316.

Danso, S. K. A.; Kumarasinghe, K. S., 1990: Assessment of potential sources of error in nitrogen fixation measurements by the nitrogen-15 isotope dilution technique. *Plant and Soil* **125**, 87-93.

Giller, K. E.; Ormesher, J.; Awah, F. M., 1991: Nitrogen transfer from *Phaseolus* bean to intercropped maize measured using nitrogen-15 enrichment and nitrogen-15 isotope dilution methods. *Soil Biology and Biochemistry* **23**, 339-346.

HERRIDGE, D. F.; DANSO, S. K. A., 1995: Enhancing crop legume N_2 fixation through selection and breeding. *Plant and Soil* **174**, 51-82.

LADHA, J. K.; PAREEK, R. P.; BECKER, M., 1992: Stem nodulating legume-*Rhizobium* symbiosis and its agronomic use in lowland rice. *Advances in Soil Science* **20**, 147-192.

LEDGARD, S. F.; FRENEY, J. R.; SIMPSON, J. R., 1985: Assessing nitrogen transfer from legumes to associated grasses. *Soil Biology and Biochemistry* **17**, 575-577.

MERBACH, W.; SCHILLING, G., 1980: Wirksamkeit der symbiontischen N_2-Fixierung der Körnerleguminosen in Abhängigkeit von Rhizobienimpfung, Substrat, N-Düngung und ^{14}C-Saccharoselieferung. *Zentralblatt für Bakteriologie, Parasitenkunde, Infektionskrankheiten und Hygiene. II Abteilung* **136**, 99-118.

PEOPLES, M. B.; CRASWELL, E. T., 1992: Biological nitrogen fixation: investments, expectations and actual contributions to agriculture. *Plant and Soil* **141**, 13-39.

RUSSOW, R.; FAUST, H., 1990: Vergleichende Betrachtung zur Bestimmung der biologischen Stickstoff-Fixierung aus der ^{15}N-Isotopenverdünnung. *Zentralblatt für Mikrobiologie* **145**, 605-613.

RUSSOW, R.; KNAPPE, S.; RITZKOWSKI, E.-M., 1997: Estimating plant-available ^{15}N and its impact on the ^{15}N dilution measurement of the symbiontic biological nitrogen fixation of red clover grown on different soils. *Isotopes in Environmental and Health Studies* **33**, 337-348.

SCHLIEPHAKE, W.; GARZ, J.; STUMPE, H., 1997: Stickstoffumsatz im Dauerdüngungsversuch „Ewiger Roggenbau" in Halle/Saale. *VDLUFA-Kongreßband* **46**, 407-410.

TA, T. C.; FARIS, M. A., 1987: Species variations in the fixation and transfer of nitrogen from legumes to associated grasses. *Plant and Soil* **98**, 265-274.

TA, T. C.; MACDOWALL, F. D. H.; FARIS, M. A., 1986: Excretion of assimilated nitrogen from N_2 fixed by nodulated roots of alfalfa (*Medicago sativa* L.). *Canadian Journal of Botany* **64**, 2063-2067.

TOMM, G. O.; KESSEL, C. von; SLINKARD, A. E., 1994: Bi-directional transfer of nitrogen between alfalfa and bromegrass: short and long term evidence. *Plant and Soil* **164**, 77-86.

Rhizodeposition und Stoffverwertung.
10. Borkheider Seminar zur Ökophysiologie des Wurzelraumes.
Hrsg.: W. Merbach, L. Wittenmayer, J. Augustin. B. G. Teubner Stuttgart, Leipzig 2000, S. 146-152.

Einfluß der Zuckergarnitur organischer Wurzelabscheidungen auf das Phosphatmobilisierungsvermögen von *Azospirillum* sp.

Annette Deubel
Institut für Bodenkunde und Pflanzenernährung der Martin-Luther-Universität Halle - Wittenberg, Adam-Kuckhoff-Straße 17b, D-06108 Halle/Saale

Abstract

Rhizospheric bacteria use organic root exudates of higher plants as a source of energy. A big part of C-compounds is quickly respirated, but the other part in association with bacteria will have the ability to mobilize phosphates.
Therefore, in this paper the ability of an *Azospirillum* strain to solubilise inorganic phosphate in vitro was investigated. Phosphate mobilization was highest with $Ca_3(PO_4)_2$ (83 µg P/ml) followed by $Ca_5(PO_4)_3OH$ (57 µg P/ml), $FePO_4$ (16 µg P/ml) and $AlPO_4$ (4 µg P/ml).

The ability of the strain to solubilise $Ca_3(PO_4)_2$ changed, when glucose was replaced with other sugars which play an important role in root exudation. This was highest with ribose and xylose (important in rhizodeposition of P deficient plants) followed by sucrose-galactose and glucose-fructose (main components in rhizodeposition of optimal nourished plants). The main mechanism for phosphate solubilisation was the production of different sugar acids depending on the C source (gluconic acid with glucose, xylonic acid with xylose).

Einleitung

Mit einer ungefähren Größenordnung von ca. 1 t C/ha in einer Vegetationsperiode (Merbach *et al.* 1996) machen wurzelbürtige organische Verbindungen einen erheblichen Anteil am Kohlenstoff- und Energiehaushalt höherer Pflanzen aus. Ihr wasserlöslicher Anteil besteht in erster Linie aus Zuckern, Aminosäuren und anderen organischen Säuren. Diese Verbindungen bilden die Nahrungsgrundlage für Rhizosphärenmikroorganismen, welche einen Großteil des von der Pflanze gelieferten organisch gebundenenen C innerhalb kurzer Zeit veratmen, die aber andererseits aus hinsichtlich Nährstoffmobilisation wenig wirksamen Zuckern Verbindungen produzieren, welche beispielsweise die Verfügbarkeit von Phosphat im Boden erhöhen können (Schilling *et al.* 1998).

In vorangegangenen Arbeiten konnte gezeigt werden, daß unter P-Mangel angezogene Pflanzen nicht nur vermehrt organische Säuren abscheiden, sondern daß sich auch das Spektrum der abgegebenen Zucker erheblich von dem normal ernährter Pflanzen unterscheidet (Gransee 1993, 1997). Dieses modifizierte Zuckerangebot kann das Tricalciumphosphatlösungsvermögen von Rhizosphärenbakterien erheblich verändern und so indirekt Einfluß auf P-Mobilisierungsvorgänge in der Rhizosphäre nehmen (Deubel 1996, Deubel und Gransee 1996).

In der vorliegenden Areit soll anhand eines *Azospirillum*-Stammes geklärt werden, welche wasserunlöslichen anorganischen Phosphate in einer Bakterienreinkultur gelöst werden können, welchen Einfluß das Zuckerangebot auf die P-Mobilisierungsleistung dieses Stammes hat und auf welchen Mechanismen diese P-Mobilisierung beruht.

Material und Methoden

Die Kultivierung der Bakterien (vier Wiederholungen je Variante) erfolgte als Standkultur (limitiertes O_2-Angebot) in Blutkonservenflaschen mit jeweils 30 ml flüssigem Muromcev-Nährmedium (bestehend aus 1 % Glucose, 0,1 % Asparagin und Salzen) und einer Inkubationszeit von sieben Tagen bei 28 °C. Im zweiten und dritten Versuch wurden neben Glucose verschiedene andere, in Wurzelabscheidungen wichtige Zucker angeboten. Zur Überprüfung der Phosphatmobilisierungsleistung wurden 200 µg P/ml in Form von $Ca_3(PO_4)_2$, $Ca_5(PO_4)_3OH$, $FePO_4$ oder $AlPO_4$ zugesetzt. Für die Analyse gebildeter organischer Säuren erfolgte die P-Versorgung in Form von K_2HPO_4/KH_2PO_4 um zu verhindern, daß Anionen organischer Säuren in wasserunlöslicher Form ausfallen.

Nach Abschluß der Inkubationszeit wurden der *p*H-Wert der Nährlösung, die mobilisierte P-Menge nach Murphy and Riley (1962) sowie der Proteingehalt als Maß für das Bakterienwachstum mit einer modifizierten Lowry-Methode (Deubel 1996) bestimmt.

Für die Analyse durch Bakterien produzierter organischer Säureanionen erfolgte eine Fraktionierung der zentrifugierten Nährlösung in die Stoffgruppen mittels Ionenaustauschersäulen (Dowex 50 W × 8, 20 ... 50 mesh und Dowex 1 × 2, 100 ... 200 mesh, Formiatform).

Ein Aliquot der „Nichtamino"-Carbonsäure-Fraktion wurde nach Methylierung mit etherischer Diazomethanlösung am Kapillargaschromatographen Varian GC 3400 mit Flammenionisationsdetektor sowie am Gaschromatographen-Massenspektrometer MD 800 (Fisons Instruments, Manchester) untersucht. Zusätzlich erfolgte eine HPLC-Analyse unter Verwendung einer Aminex HPX-87H-Säule 300 × 7,8 mm mit 4 mM H_2SO_4 als Laufmittel (Einzelheiten vgl. DEUBEL 1996, DEUBEL und GRANSEE 1996).

Ergebnisse und Diskussion

Der *Azospirillum*-Stamm konnte die Löslichkeit aller angebotenen Phosphate gegenüber der sterilen Kontrolle signifikant erhöhen (vgl. Abb. 1). Dabei war die Mobilisierung von Tricalciumphosphat mit 83 µg P/ml am höchsten, gefolgt von Hydroxylapatit mit 57 µg P je Milliliter.

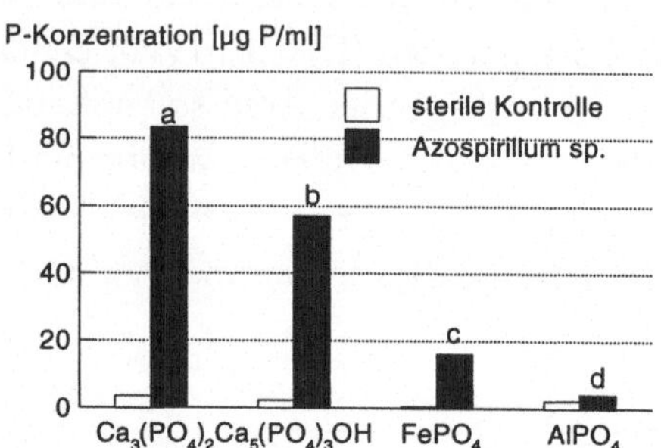

Abb. 1. Mobilisierung verschiedener wasserunlöslicher Phosphate durch *Azospirillum* sp. im Vergleich zu einer sterilen Kontrolle.

Der Unterschied zwischen den beiden tertiären Calciumphospaten wurde möglicherweise durch ein stärkeres Bakterienwachstum in der Hydroxylapatitvariante (vgl. Tab. 1) verursacht, so daß Glucose und daraus gebildete Zwischenprodukte im Versuchszeitraum stärker veratmet worden sein könnten als mit Tricalciumphosphat.

Tab. 1. Bakterienwachstum (in µg Protein/ml) und *p*H-Wert nach siebentägiger Inkubation von *Azospirillum* sp. in Muromcev-Nährlösung mit verschiedenen Phosphaten.

	Phosphatverbindung			
	$Ca_3(PO_4)_2$	$Ca_5(PO_4)_3OH$	$FePO_4$	$AlPO_4$
µg Protein/ml	386 b	489 c	155 a	151 a
*p*H-Wert, Kontrolle	6,79	6,49	5,62	5,18
*p*H-Wert, *Azospirillum* sp.	6,19 b	6,01 b	4,77 a	4,79 a

a...d – homogene Gruppen beim Vergleich der verschiedenen Phosphatvarianten innerhalb der mit *Azospirillum* sp. bewachsenen Proben (Tukey, $P \leq 0,05$).

Die Mobilisierbarkeit von Eisen- und Aluminiumphosphat war mit 16 bzw. 4 µg P/ml erheblich geringer. Allerdings ist zu sagen, daß derartige kristalline Verbindungen im Boden erst bei sehr niedrigen *p*H-Werten vorkommen. Bei *p*H-Werten im schwach sauren Bereich, welche für die meisten Ackerböden in Deutschland normal sind, spielen eher amorphe Fällungsprodukte und sorbierte Phosphate eine

Rolle, welche wesentlich leichter zu mobilisieren sind als analysereine Substanzen. Im Versuchsansatz konnte diese Fraktion nicht berücksichtigt werden, da sich bei frischer Ausfällung solcher Phosphate für das Bakterienwachstum zu niedrige *p*H-Werte einstellten. Auch der Zusatz von $FePO_4$ bzw. $AlPO_4$ senkte den ursprünglich auf 6,9 eingestellten *p*H-Wert der Nährlösung bereits in der Sterilvariante (vgl. Tab. 1). Dadurch bedingt war die Proteinbildung als Maß für das Bakterienwachstum erheblich geringer als bei Zusatz von Calciumphosphaten.

Die bewachsenen Proben wiesen am Ende der Versuchszeit in allen Varianten einen niedrigeren *p*H-Wert auf als die sterilen Kontrollen (vgl. Tab. 1). Während eine Ansäuerung des Mediums die Löslichkeit von Calciumphosphaten verbessert, ist Eisenphosphat bei *p*H 3, Aluminiumphosphat bei *p*H 4 am wenigsten löslich (Bradley und Sieling 1953). Da die durch die Bakterien verursachte *p*H-Absenkung die Löslichkeit dieser Phosphate nicht verbessert, sondern eher verschlechtert, müssen für die beobachtete P-Mobilisierung organische Säureanionen eine Rolle spielen.

Die Zuckerfraktion organischer Wurzelabscheidungen höherer Pflanzen enthält neben Glucose verschiedene weitere Zucker (Schilling *et al.* 1998). Während optimal ernährte Pflanzen hauptsächlich Glucose, Fructose und Saccharose abscheiden, kommt es unter P-Mangelbedingungen zu einer Verschiebung des Spektrums zugunsten von Galactose und verschiedenen Pentosen.

Im folgenden Versuch sollte daher geklärt werden, ob sich Wachstum und Phosphatmobilisierungsleistung des *Azospirillum*-Stammes verändern, wenn Glucose durch andere Zucker ersetzt wird. Dabei wurde $Ca_3(PO_4)_2$ als wasserunlösliches Phosphat eingesetzt. Mit Glucose und Fructose als C-Quelle waren Wachstum und Phosphatmobilisierungsvermögen des *Azospirillum*-Stammes (vgl. Tab. 2) ähnlich dem vorangegangenen Versuch (vgl. Tab. 1, Abb. 1). Wurde Glucose durch Saccharose bzw. Galactose ersetzt, kam es zu einem signifikanten Anstieg der P-Lösungsleistung des *Azospirillum*-Stammes, wobei das Bakterienwachstum mit Saccharose etwas höher, mit Galactose dagegen niedriger war als mit Glucose. Auffallend hoch war das Phosphatlösungsvermögen des Stammes bei Einsatz von Ribose oder Xylose als C-Quelle. Damit zeigt *Azospirillum* vor allem mit solchen Zuckern ein sehr hohes Phosphatmobilisierungsvermögen, die in der Rhizosphäre von P-Mangelpflanzen eine Rolle spielen. Ein gewisser Beitrag zur Verbesserung der P-Versorgung der Pflanze ist damit durchaus denkbar. Eine Ausnahme bildete Arabinose, womit die Bakterien zwar ein sehr hohes Wachstum realisieren konnten, offensichtlich aber keine Säuren bildeten.

Tab. 2. Einfluß von verschiedenen Zuckern auf Wachstum und Tricalciumphosphatmobilisierungsleistung von *Azospirillum* sp. im Vergleich zu einer sterilen Kontrolle.

Zucker	Proteingehalt [µg/ml]		*p*H			P-Lösung [µg/ml]		
			Kontrolle	*Azospirillum*		Kontrolle	*Azospirillum*	
Glucose	307	ab	7,68	6,7	c	1	76	b
Fructose	319	b	7,44	6,65	c	1	82	b
Saccharose	394	c	7,67	5,78	b	2	98	c
Galactose	259	a	7,12	5,99	b	3	98	c
Ribose	254	a	7,19	5,16	a	2	151	d
Xylose	254	a	7,72	5,22	a	1	148	d
Arabinose	407	c	8,49	8,25	d	1	1	a

a...d – homogene Gruppen beim Vergleich der verschiedenen Phosphatvarianten innerhalb der mit *Azospirillum* sp. bewachsenen Proben (Tukey, P ≤ 0,05).

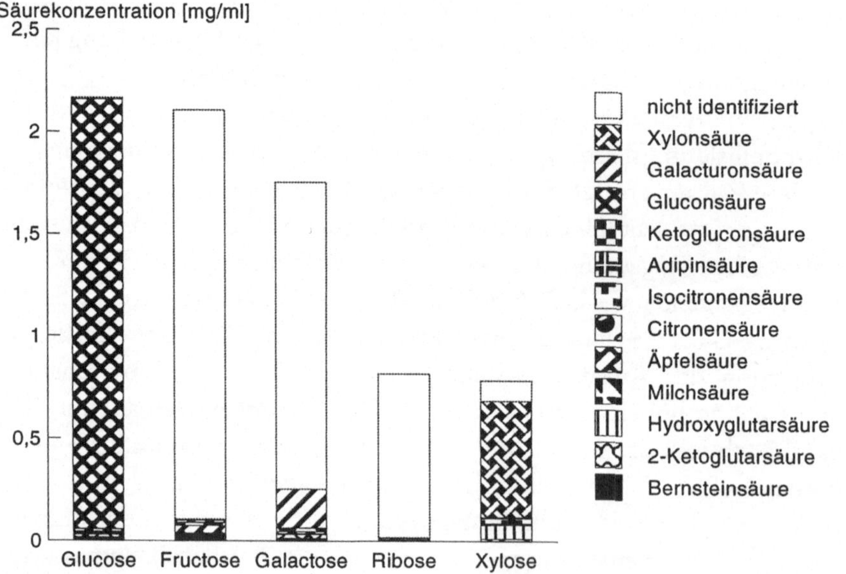

Abb. 2. Gehalte an organischen Säuren in einer sieben Tage alten *Azospirillum*-sp.-Kultur bei Verfütterung verschiedener Zucker.

Die am Ende der Versuchszeit gemessenen *p*H-Werte zeigten eine negative Korrelation zur P-Mobilisierungsleistung. Allerdings ist erstaunlich, wieviel Phosphat der Stamm bereits bei nahezu neutralem *p*H-Wert (Glucose und Fructose: *p*H 6,7) in Lösung bringt. Ein Vergleich mit durch HCl angesäuerter Nährlösung (Deubel 1996) ergab eine Löslichkeit von Tricalciumphosphat (µg P/ml) von 12 bei *p*H 6,5; 13 bei *p*H 6,0; 18 bei *p*H 5,5 und 32 bei *p*H 5,0. Die Ansäuerung des Nährmediums kann die Calciumphosphatmobilisierungsleistung von *Azospirillum* also nicht vollständig erklären. Daher sollte überprüft werden, welche organischen Säuren durch diesen Stamm bei Einsatz verschiedener Zucker als C-Quelle gebildet werden (vgl. Abb. 2). Um zu verhindern, daß organische Säureanionen in unlöslicher Form ausfallen, erfolgte die P-Versorgung in diesem Versuch in Form von K_2HPO_4/KH_2PO_4.

In der gaschromatographischen Bestimmung war eine Vielzahl von Mono-, Di- und Tricarbonsäuren nachweisbar, deren Konzentrationen aber so niedrig waren, daß sie für die P-Mobilisierung kaum ins Gewicht fallen dürften. Dagegen zeigten die HPLC-Chromatogramme zusätzlich ein bis zwei dominierende Peaks, welche bei jeder Variante an anderer Stelle lagen. Bei Verfütterung von Glucose wurden mehr als 2 mg Gluconsäure/ml produziert. Aus Xylose wurde hauptsächlich Xylonsäure gebildet, aus Galactose entstand neben einer weiteren mengenmäßig wichtigen Verbindung Galacturonsäure. Die Identifizierung der weiteren Peaks steht noch aus. Offensichtlich bildet der *Azospirillum*-Stamm mit jedem Zucker ein bis zwei spezifische Zuckersäuren.

Die gebildeten Verbindungen scheinen über chelatisierende Eigenschaften zu verfügen, da einerseits Calciumphosphate bereits bei geringer *p*H-Absenkung effektiv gelöst wurden, andererseits auch Eisen- und Aluminiumphosphat mobilisiert wurden, was nicht auf die Ansäuerung des Mediums zurückzuführen ist. So ist Gluconsäure in der Lage, mit Al^{3+}, Ca^{2+} und Fe^{3+} Komplexe zu bilden (Whitelaw *et al.* 1999). Ähnliche Reaktionen sind auch mit anderen Zuckersäuren denkbar. Eine abschließende Klärung der P-Mobilisierungsmechanismen ist aber erst nach Identifizierung aller mengenmäßig wichtigen Verbindungen und Überprüfung ihrer Wirksamkeit unter Bodenbedingungen möglich.

Literaturverzeichnis

Bradley, D. B.; Sieling, D. H., 1953: Effect of organic anions and sugars on phosphate precipitation by iron and aluminium as influenced by *p*H. *Soil Science* **76**,

DEUBEL, A., 1996: *Einfluß wurzelbürtiger organischer Kohlenstoffverbindungen auf Wachstum und Phosphatmobilisierungsleistung verschiedener Rhizosphärenbakterien.* Dissertation, Martin-Luther-Universität, Halle - Wittenberg.

DEUBEL, A.; GRANSEE, A., 1996: Mechanismen der Phosphatmobilisierung aus Calciumphosphaten durch zwei Bakterienstämme. In: *Pflanzliche Stoffaufnahme und mikrobielle Wechselwirkungen in der Rhizosphäre.* W. Merbach (Hrsg.) — Stuttgart, Leipzig: B. G. Teubner Verlagsgesellschaft, 119-126.

GRANSEE, A., 1993: Qualitative und quantitative Analyse von Wurzelausscheidungen bei Erbsen in Abhängigkeit vom Phosphaternährungszustand. *Ökophysiologie des Wurzelraumes. Vorträge zur 4. wissenschaftlichen Arbeitstagung vom 30. August bis 1. September 1993 in Borkheide.* W. Merbach (Hrsg.), 56-59.

GRANSEE, A., 1997: Untersuchungen zum Einfluß von Wurzelabscheidungen auf den Gehalt an pflanzenverfügbarem Phosphat in der Rhizosphäre. *VDLUFA-Schriftenreihe* **46**, 751-754.

MERBACH, W.; KNOF, G.; AUGUSTIN, J.; JACOB, H. J.; JÄGER, R.; TOUSSAINT, V., 1996: Ökophysiologische Wechselbeziehungen zwischen Pflanze und Boden. In: *Reaktionsverhalten von agrarischen Ökosystemen homogener Areale.* H. Mühle, S. Claus (Hrsg.) — Stuttgart, Leipzig: B. G. Teubner Verlagsgesellschaft, 195-207.

MURPHY, J.; RILEY, J. P., 1962: A modified single solution method for the determination of phosphate in natural waters. *Analytica Chimica Acta* **27**, 31-36.

SCHILLING, G.; GRANSEE, A.; DEUBEL, A.; LEŽOVIČ, G.; RUPPEL, S., 1998: Phosphorus availability, root exudates, and microbial activity in the rhizosphere. *Zeitschrift für Pflanzenernährung und Bodenkunde* **161**, 465-478.

WHITELAW, M. A.; HARDEN, T. J.; HELYAR, K. R., 1999: Phosphate solubilization in solution culture by the soil fungus Penicillium radicum. *Soil Biology and Biochemistry* **31**, 655-665.

Rhizodeposition und Stoffverwertung.
10. Borkheider Seminar zur Ökophysiologie des Wurzelraumes.
Hrsg.: W. Merbach, L. Wittenmayer, J. Augustin. B. G. Teubner Stuttgart, Leipzig 2000, S. 153-159.

Possible role of phytosiderphore release and zinc uptake by roots in zinc efficiency of various cereal genotypes

Bülent ERENOĞLU[¶,‡], Volker RÖMHELD[¶], and Ismail CAKMAK[‡]
[¶]Universität Hohenheim, Institut für Planzenernährung, Fruwirthstraße 12, D-70593 Stuttgart - Hohenheim; [‡]Cukurova University, Department of Soil Science and Plant Nutrition 01330 Adana, Turkey

Abstract

Experiments were carried out to study the role of phytosiderophore (PS) release and zinc (Zn) uptake in susceptibility of genotypes to Zn deficiency in nutrient solution under controlled environmental conditions using rye, triticale, bread wheat and durum wheat genotypes. Similar to the field observations, visual deficiency symptoms, such as whitish-brown lesions on leaf blades occurred first and severely in durum wheat (cultivars 'Kunduru-11459' and 'Kızıltan-91') and in bread wheat (cultivars 'Partizanka Niska', 'BDME-10', and 'Bul-63-68-7'), but zinc deficiency symptoms were less severe in the bread wheats ('Dağdaş-94', 'Bezostaja', and 'Gerek-79') and very slight or absent in the triticale and rye, respectively 'Presto' and 'Aslim'. Release rates of PS's from roots could not be related to the differential Zn efficiency of cereal species with the exception of high sensitivity of durum wheat cultivars. The results obtained on ^{65}Zn uptake suggest that the high Zn efficiency of rye can be attributed to its greater Zn uptake capacity from soils and the inability of durum wheat cultivars to have a high Zn uptake capacity seems to be an important reason for its Zn efficiency. Differential Zn efficiency between the bread wheat cultivars is not related to their capacity to take up inorganic Zn.

Introduction

Zinc deficiency is a common nutritional problem for plants, particularly for cereals grown on calcareous soils of arid and semi arid regions, resulting in severe decreases in grain yield (CAKMAK *et al.* 1996a, GRAHAM *et al.* 1992, GRAHAM and WELCH 1996).

Plant species as well as genotypes within a given species like in wheat, differ markedly in their susceptibility to Zn deficiency (GRAHAM and RENGEL 1993, RENGEL and GRAHAM 1995a, CAKMAK *et al.* 1996a, 1998). Variations in sensitivity to

Zn deficiency in wheat are often related to differences in Zn uptake by roots or Zn accumulation per shoot, but not to the concentration of Zn per unit dry weight (Graham *et al.* 1992, Rengel and Graham 1995b, Cakmak *et al.* 1996b, 1998). The reason for differential Zn efficiency of wheat genotypes is extensively studied, but still it is not well understood. Increases in root growth (Dong *et al.* 1995), release of Zn-mobilizing PS's from roots (Cakmak *et al.* 1994, 1996c, 1998, Erenoğlu *et al.* 1996) and Zn uptake capacity of roots (Rengel and Graham 1996, Rengel *et al.* 1998, Cakmak *et al.* 1998, Erenoğlu *et al.* 1999) were discussed as possible mechanisms for expression of Zn efficiency.

Roots of graminaceous plants secrete high amounts of PS's under Fe deficiency and this secretion is closely related to the differences in resistance to Fe deficiency of graminaceous species or genotypes of a given species (Takagi *et al.* 1984, Jolley and Brown 1989, Marschner and Römheld 1994). Similarly, differences in Zn efficiency between durum and bread wheat genotypes were also related to differences in root release of PS's (Cakmak *et al.* 1994, 1996c, Walter *et al.* 1994). Recently, it was shown that the release rate of PS's does not relate well with the sensitivity of bread wheat genotypes to Zn deficiency. Cakmak *et al.* (1998) also mentioned that there is a poor relationship between Zn efficiency and release rate of PS's from roots.

In long-term experiments under field conditions, Zn-efficient wheat genotypes had a higher Zn uptake capacity compared to the Zn-inefficient genotypes (Graham *et al.* 1992, Cakmak *et al.* 1997). In short-term experimentsin nutrient solution, Zn-efficient wheat genotypes also had a greater Zn uptake rate than Zn-inefficient genotypes (Rengel and Graham 1996, Rengel and Wheal 1997, Rengel *et al.* 1998, Cakmak *et al.* 1998). But in most of these studies, bread wheat genotypes with higher Zn efficiency were compared with durum wheat genotypes having lower Zn efficiency. The aim of this study was to compare the release rate of PS's and Zn uptake capacity of cereal genotypes differing in Zn efficiency under field conditions.

Materials and methods

The role of phytosiderophore release and Zn uptake was studied in one genotype each of rye (*Secale cereale* L. cv. 'Aslim'), and of triticale (× *Triticosecale* Wittmack cv. 'Presto'), six of bread wheat (*Triticum aestivum* L. cvs. 'Dağdaş-94', 'Bezostaja', 'Gerek-79', 'BDME-10', 'Partizanka Niska', 'Bul-63-68-7') and two of durum wheat (*Triticum durum* L. cvs. 'Kızıltan-91' and 'Kunduru-1149') were used in experiment in nutrient solution under controlled environmental conditions (a light/dark regime of 16/8 h, 24/20 °C, 65/75 % relative humidity, provided by 'Sylvania FR 96 T' lamps as described by (CAKMAK *et al.* 1996c – PS's release, ERENOĞLU *et al.* 1999 – ^{65}Zn uptake).

Results

Among all the genotypes used in different experimental steps of this study, similar to field experiments, visual deficiency symptoms such as inhibition in shoot elongation and development of necrotic parches appeared first and more severe in the durum wheat cultivars, 'Kunduru-1149' and 'Kızıltan-91', and thereafter in the bread wheat genotypes 'Bul-63-68-7', 'Partizanka Niska' and 'BDME-10'. Bread wheat genotypes 'Gerek-79', 'Bezostaja' and particularly 'Dağdaş-94' were less chlorotic and necrotic. Zinc deficiency symptoms were slightly developed in triticale cultivar 'Presto' but particularly in rye cultivar 'Aslim'.

Release of phytosiderophores

The effect of Zn deficiency on PS release is shown in Table 1. Genotypes which

Table 1. Effect of Zn deficiency on the rate of phytosiderophore release [μmol/(48 plants · 3 h)] from roots of various cereals grown for 14 days in nutrient solution without Zn supply. Results are means ± SD from three independent replications (CAKMAK *et al.* 1998).

Species	Cultivar	Leaf symptoms of Zn deficiency*	Release of phytosiderophores
Secale cereale	'Aslim'	5	11.4 ± 2.3
× *Triticosecale*	'Presto'	5	8.0 ± 3.3
Triticum aestivum	'Dağdaş-94'	3	9.3 ± 1.8
	'Gerek-79'	3	9.2 ± 1.1
	'BDME-10'	2	8.1 ± 1.8
	'Partizanka Niska'	2	5.5 ± 1.0
	'Bul-63-68-7'	2	7.2 ± 2.4
Triticum durum	'Kızıltan-91'	1	1.7 ± 0.1
	'Kunduru-1149'	1	1.2 ± 0.1

*) Leaf symptoms of Zn deficiency noted in Zn deficient calcereous soils in Central Anatolia: 1 = very severe, 2 = severe, 3 = mild, 4 = slight, and 5 = very slight or absent.

were adequately supplied with Zn, release rate of PS's was very low and did not exceed 0.5 μmol per 48 plants in 3 h (data not shown). Also, in Zn deficient durum wheat cultivars, release of PS's was not very high and remained below 2 µmol. However, in rye, triticale and bread wheat genotypes, rates of PS's release was markedly increased, even in Zn inefficient bread wheat cultivars 'Bul-63-68-7', 'Partizanka Niska', and 'BDME-10'. Release rate of PS's is expressed per root dry weight and similar values were obtained with all the genotypes, as their root dry weights were similar (data not shown).

Root uptake of inorganic Zn (^{65}Zn)

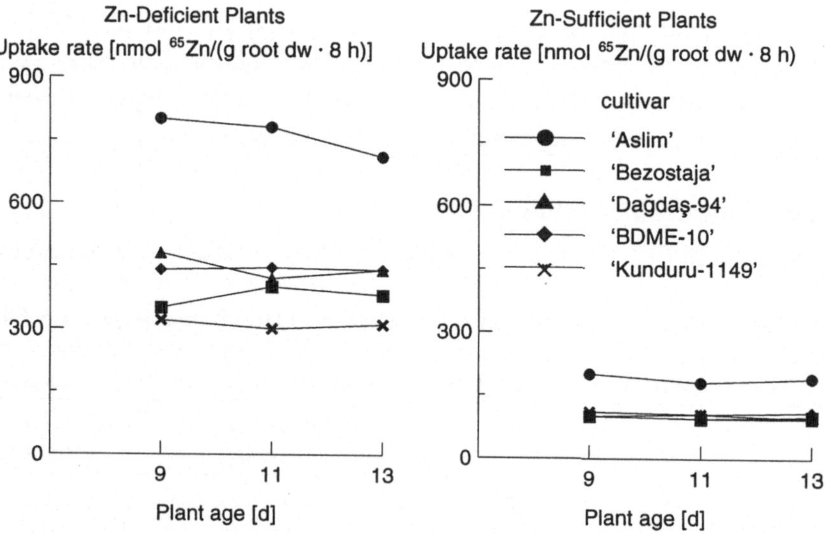

Figure 1. Uptake rates of ^{65}Zn in 9, 11, and 13 day-old rye (cv. 'Aslim'), bread wheats (cvs. 'Bezostaja', 'Dağdaş-94', 'BDME-10') and durum wheat (cv. 'Kunduru-1149') over eight hours. Plants were grown in nutrient solution with sufficient and deficient Zn supply. Data represent means ± SD of three independent replications (ERENOĞLU *et al.* 1999).

Zn deficient plants had a much higher inorganic-Zn (^{65}Zn) uptake rate compared to plants with adequate Zn supply (Figure 1). At adequate supply of Zn, all cultivars were similar in their capacity to take up Zn. However, under Zn-deficient rye had higher Zn uptake rate than bread and durum wheat genotypes. Among wheat genotypes, durum wheat ('Kunduru-1149') showed the lowest uptake rate. No clear difference was found in the ^{65}Zn uptake rate among bread wheat cultivars.

Discussion

The data presented in Table 1 on enhanced release of PS's from roots of cereals in response to Zn deficiency confirm former results (ZHANG *et al.* 1991, CAKMAK *et al.* 1994, WALTER *et al.* 1994). In Zn deficient, rye, triticale and bread wheat genotypes, the rates of PS release were up to 22-fold higher than in Zn sufficient plants. In contrast, the release of PS's remained low in the durum wheat cultivars 'Kunduru-1149' and 'Kızıltan-91', which also had Zn deficiency. Durum wheat genotypes are particularly sensitive to Zn deficiency when grown in both soil and nutrient solution (GRAHAM *et al.* 1992, CAKMAK *et al.* 1996a, 1996b). Higher sensitivity of durum wheat compared to the bread wheat has been attributed to Zn deficiency because of their low capacity to synthesise and release PS's (CAKMAK *et al.* 1994, 1996c) which is consistent with the results presented here. Differences in the release rate of PS's were also considered as a suitable parameter for evaluation of Zn efficiency between genotypes of a given plant species such as bread wheat (CAKMAK *et al.* 1996c). However, ERENOĞLU *et al.* (1996) showed that there is not a good correlation between the rate of PS's release and Zn efficiency of bread wheat cultivars.

The high Zn efficiency in rye was associated with a high uptake capacity for Zn (Figure 1). The capacity of genotypes to absorb Zn and translocate it into shoots at higher rates is, therefore, an important plant trait determining expression of Zn efficiency under a deficient supply of Zn. Similarly, in previous studies, differences in root uptake and shoot translocation of Zn have been considered as possible factors involved in the expression of high Zn efficiency in wheat (RENGEL and GRAHAM 1995, 1996, RENGEL *et al.* 1998, CAKMAK *et al.* 1996b, 1998).

In contrast to rye, durum wheat is the most sensitive cereal species to Zn deficiency (GRAHAM and RENGEL 1993, RENGEL and GRAHAM 1995, CAKMAK *et al.* 1997). The results are in line with the findings of RENGEL and WHEAL (1997), RENGEL *et al.* (1998) and CAKMAK *et al.* (1998), high sensitivity of durum wheat to Zn deficiency is possibly attributed to their low capacity for Zn uptake under Zn-deficient conditions (Figure 1). The results of this study led us to conclude that the bread wheat cultivars although differ in Zn efficiency but do not differ in their capacity for Zn uptake when grown under Zn-deficient conditions (Figure 1).

In conclusion, the results show that under Zn deficient conditions, the enhanced capacity of genotypes in Zn acquisition from soils is the main causal factor responsible for expression of high Zn efficiency in plants, such as in rye but variation in Zn efficiency among bread wheat cultivars cannot be explained fully by differences in release rate of PS's and Zn uptake rates of cultivars, indicating existence of further mechanisms such as differential internal utilisation efficiency and ZnPS uptake, underlying high Zn efficiency in bread wheat.

References

Cakmak, I.; Gülüt, K. Y.; Marschner, H.; Graham, R. D., 1994: Effect of zinc and iron deficiency on phytosiderophore release in wheat genotypes differing in zinc efficiency. *Journal of Plant Nutrition* **17**, 1-17.

Cakmak, I.; Yilmaz, A.; Kalayci, M.; Ekiz, H.; Torun, B.; Erenoğlu, B.; Braun, H. J., 1996a: Zinc deficiency as a critical problem in wheat production in Central Anatolia. *Plant and Soil* **180**, 165-172.

Cakmak, I.; Sari, N.; Marschner, H.; Kalayci, M.; Yilmaz, A.; Eker, S.; Gülüt, K. Y., 1996b: Dry matter production and distribution of zinc in bread and durum genotypes differing in zinc efficiency. *Plant and Soil* **180**, 173-181.

Cakmak, I.; Sari, N.; Marschner, H.; Ekiz, H.; Kalayci, M.; Yilmaz, A.; Braun, H. J., 1996c: Phytosiderophore release in bread and durum wheat genotypes differing in zinc efficiency. *Plant and Soil* **180**, 183-189.

Cakmak, I.; Ekiz, H.; Yilmaz, A.; Torun, B.; Köleli, N.; Gültekin, I.; Alkan, A.; Eker, S., 1997: Differential response of rye, triticale, bread and durum wheats to zinc deficiency in calcareous soils. *Plant and Soil* **188**, 1-10.

Cakmak, I.; Torun, B.; Erenoğlu, B.; Öztürk, L.; Marschner, H.; Kalyci, M.; Ekiz, H.; Yilmaz, A., 1998: Morphological and physiological differences in the response of cereals to zinc deficiency. *Euphytica* **100**, 348-357.

Dong, B.; Rengel, Z.; Graham, R. D., 1995: Root morphology of wheat genotypes differing in zinc efficiency. *Journal of Plant Nutrition* **18**, 2761-2773.

Erenoğlu, B.; Cakmak, I.; Marschner, H.; Römheld, V.; Eker, S.; Daghan, H.; Kalyci, M.; Ekiz, H., 1996: Phytosiderophore release does not correlate well with zinc efficiency in different bread wheat genotypes. *Journal of Plant Nutrition* **19**, 1569-1580.

Erenoğlu, B.; Cakmak, I.; Römheld, V.; Derici, R.; Rengel, Z., 1999: Uptake of zinc by rye, bread wheat, and durum wheat cultivars differing in zinc efficiency. *Plant and Soil* **209**, 245-252.

Graham, R. D.; Ascher, J. S.; Hynes, S. C., 1992: Selecting zinc-efficient cereal genotypes for soils of low zinc status. *Plant and Soil* **146**, 241-250.

Graham, R. D.; Rengel, Z., 1993: Genotypic variation in zinc uptake and utilization by plants. In: *Zinc in Soils and Plants.* A. D. Robson (Hrsg.) – Dordrecht: Kluwer Academic Publishers, 107-118.

Graham, R. D.; Welch, R. M., 1996: Breeding for stable food crops with high micronutrient density. *Agricultural Strategies for Micronutrients.* Working Paper No. 3. IFPRI, Washington, DC.

Jolley, V. D.; Brown, J. C., 1989: Iron deficient and inefficient oats. I. Differences in phytosiderophore release. *Journal of Plant Nutrition* **12**, 423–435.

Marschner, H.; Römheld, V., 1994: Strategies of plants for acquisition of iron. *Plant and Soil* **165**, 261–274.

Rengel, Z.; Graham, R. D., 1995a: Wheat genotpyes differ in zinc efficiency when grown in the chelate-buffered nutrient solution. I. Growth. *Plant and Soil* **176**, 307-316.

Rengel, Z.; Graham, R. D., 1995b: Wheat genotpyes differ in zinc efficiency when grown in the chelate-buffered nutrient solution. II. Plant Nutrition. *Plant and Soil* **176**, 307-316.

Rengel, Z.; Graham, R. D., 1996: Uptake of zinc from chelate-buffered nutrient solutions by wheat genotypes differing in zinc efficiency. *Journal of Experimental Botany* **47**, 217-226.

Rengel, Z.; Wheal, M. S., 1997: Kinetic parameters of zinc uptake by wheat are affected by the herbicide chlorsulfuron. *Journal of Experimental Botany* **48**, 935-941.

Rengel, Z.; Marschner, H.; Römheld, V., 1998: Uptake of zinc and iron by wheat genotypes differing in zinc efficiency. *Journal of Plant Physiology* **132**, 433–438.

Takagi, S.; Nomoto, K.; Takemoto, T., 1984: Physiological aspect of mugineic acid, a possible phytosiderophore of graminaceous plants. *Journal of Plant Nutrition* **7**, 469–477.

Walter, A.; Römheld, V.; Marschner, H.; Mori, S., 1994: Is the release of phytosiderophores in zinc-deficient wheat plants a response to impaired iron utilization? *Physiologia Plantarum* **92**, 493–500.

Zhang, F.; Römheld, V.; Marschner, H., 1991: Release of zinc mobilizing root exudates in different plant species as affected by zinc nutritional status. *Journal of Plant Nutrition* **14**, 675–686.

Rhizodeposition und Stoffverwertung.
10. Borkheider Seminar zur Ökophysiologie des Wurzelraumes.
Hrsg.: W. Merbach, L. Wittenmayer, J. Augustin. B. G. Teubner Stuttgart, Leipzig 2000, S. 160-164.

Measurement of the carbon fluxes in the rhizosphere of *Lolium perenne*

Grzegorz DOMANSKI[¶,‡] and Yakov KUZYAKOV[‡]
[¶]Institute of Agrophysics PAS, Doswiadczalna 4, 20290 Lublin, Poland; [‡]Institut für Bodenkunde und Standortlehre, Universität Hohenheim, Emil-Wolff-Straße 27, D-70599 Stuttgart, Germany

Abstract

Roots release a wide range of organic compounds called rhizodeposits, which affect some of the soil parameters such as *p*H, water holding capacity, stability of the soil aggregates or microbial activity. They are also considered to be one of the major sources of the carbon (C) for rhizospheric microorganisms and contribute to CO_2 emission from soil, making up to 60 % of total CO_2 efflux from soil. Additionally, rhizodeposits can alter soil organic matter (SOM) decomposition rates. Because of these strong reasons, therefore, the carbon translocation by plants was investigated. The distribution pattern of tracer (^{14}C) in the system plant-soil by means of the pulse labelling has been investigated in the pot-scale experiment. Rhizosphere-derived CO_2 accounted for 11 % of total assimilated ^{14}C. The ^{14}C activity and total carbon presented in the roots, rhizosphere-derived CO_2, microbial biomass (MB), dissolved organic carbon (DOC) in the soil have been measured. Maximal ^{14}C activity in DOC and MB occurred at the sixth hour while in the roots it was detected at twelfth hour after labelling. The changes of the ^{14}C content in investigated pools have been divided into two phases: the first phase lasted for first four days after labelling with fast decrease of ^{14}C and in the next phase only inconsiderable changes occurred.

Introduction

Carbon (C) allocated below-ground accounts for 20 ... 50 % of total assimilated carbon (PATTERSON *et al.* 1996). Part of it is released by roots as exudates, secretions and sloughed cell material derived from living and dead cells. There are so-called 'rhizodeposits'. The rhizodeposits play an important role in rhizosphere where they serve as available source of energy and carbon. This feature of rhizodeposits leads to their rapid decomposition to CO_2 by microorganisms and to their contribution to CO_2 emission from soil. Rhizodeposits influence SOM dynamics through changes in microbial activity (WHIPPS and LYNCH 1985, 1986). This effect of rhizodeposits on the SOM turnover in the soil may be positive or negative. The 'positive priming effect' means that C compounds released by roots accelerate the SOM decomposition. The knowledge on that influence is needed, because SOM plays an essential role in soil fertility, especially in reference to sustainable agriculture. Unfortunately, the separation of rhizosphere respiration (root respiration and microbial respiration of rhizodeposits) from microbial respiration of SOM and quantification of their contribution to total CO_2 emission encounter many problems. Also, the influence of root-derived carbon on the activity of the microbial population is not well established despite many performed investigations. Our previous studies (KUZYAKOV *et al.* 1999a, 1999b) have considered changing contribution of rhizosphere respiration to total CO_2 emission from the soil. The objective of this work was to investigate ^{14}C partitioning within the plant-soil system at different time periods after labelling.

Material and methods

Nine plants of *Lolium perenne* were grown under controlled laboratory conditions (Table 1). Dynamics of below-ground carbon translocations after single ^{14}C-pulse labelling of *Lolium perenne* was studied. Labelling took place at the same stage of plant development – 42 days after the sowing. ^{14}C-CO_2 was introduced as $Na_2{}^{14}CO_2$ and sulfuric acid was used for labelled CO_2 generation. Plants were allowed to assimilate labelled CO_2 for six hours. Plants and soil were destructively harvested at 3, 6, 12, 24, 48, 96, 192 and 264 h after ^{14}C-pulse. ^{14}C and total C was measured in: CO_2 efflux from soil (trapping in NaOH solution), microbial biomass (MB; by extraction-fumigation method), dissolved organic carbon (DOC; water extraction and extraction with 0.5 M K_2SO_4), roots, shoots and soil. More detailed description of used methods is given in KUZYAKOV and STAHR (1999). Three independent replicates were used for each harvest time. All presented data have been calculated as percentage of total assimilated ^{14}C, if not mentioned.

Table 1. Experimental conditions during plant growth.

Paramter	Value and Units
Soil type	loamy Haplic Luvisol
total C content	1.3 %
total N content	0.13 %
Soil moisture	60 ± 10 % WHC
Light intensity	400 µE/(m^2 · s)
Day time	14 h
Day/night temperature	27/20 ± 1 °C

Results and discussion

$^{14}CO_2$ dynamics

The ^{14}C rhizosphere respiration rate peaked 6 - 18 hours after labelling (0,2 ... 0,55 % of C/h) and by eighth day it was almost constant at low level – below 0,02 % of C/h (Figure 1). ^{14}C respired by roots and microorganisms during eleven days accounted for 11 % of total assimilated carbon. Most of that amount (more than 80 %) was released during first five days. The observed rapid changes in the $^{14}CO_2$ emission rates indicated that root allocated photoassimilates were intensively metabolized by the roots (respiration and exudation) as well as by microorganisms (respiration of exudates). Similar results have been reported by other authors (PATTERSON *et al.* 1996, RATTRAY *et al.* 1995, SWINNEN *et al.* 1994).

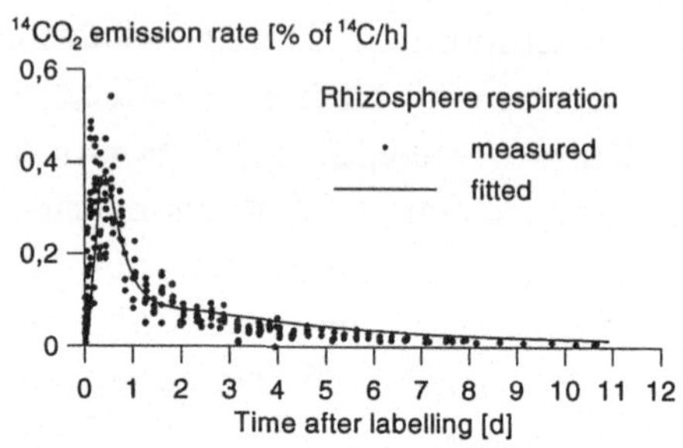

Figure 1. Measured and fitted $^{14}CO_2$ emission rate from the rhizosphere.

^{14}C dynamics in roots, exudates and in microbial biomass

Roots were major below-ground sink for carbon. ^{14}C accumulation that was observed during first hours after ^{14}C-pulse, reached maximal value (about 43 %) after twelve hours (Figure 2). 50 % of this amount was lost and less than 25 % was recovered in the roots on the eleventh day. This observation can be explained by losses of ^{14}C due to fast metabolisation of recent photoassimilates during first day and by exudation of organic compounds combined with the losses of sloughed root tissues during next few days.

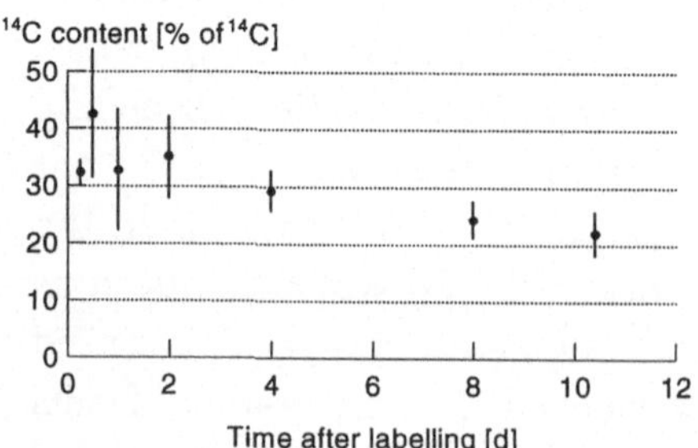

Figure 2. Measured (± SD) ^{14}C content in the roots.

^{14}C recovered in DOC was primary derived from the rhizodeposition which occurred during the beginning of the allocation period. We have separated DOC into two pools. The first one was measured by extraction of the bulk soil with 0.5 M K_2SO_4 solution and another one by root washing in distilled water. If the first pool of DOC consisted mainly of the exudates, than the latter could contain some amendments, such as root hairs, mucilage, or sloughed external root tissue. Maximum of ^{14}C in DOC was reached six hours after labelling and a decrease was observed during next few days (Fig. 3).

This decrease could be divided into two phases with different rates of carbon losses. The first phase with fast decrease of ^{14}C content (from 1.1 to 0.2 %) occurred between first and fourth day and was followed by a phase with much smaller changes in ^{14}C content. The microbial population was responsible for observed decrease of the amount of ^{14}C recovered in DOC. But the source of labelled organic compounds detected at eighth and eleventh days is not clear. It is quite possible that they derived from the microbial cells and/or from the damaged root hairs and fine roots. This assumption is based on the observation that beginning from second day after labelling DOC extracted from soil adjoining the roots consisted of the major part of total labelled DOC (Figure 3).

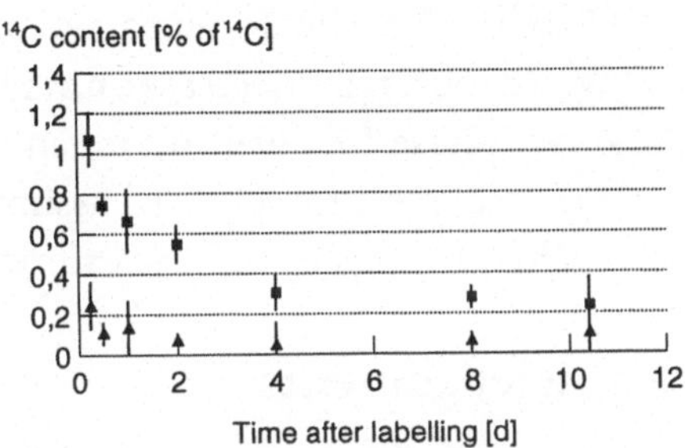

Figure 3. Measured (± SD) ^{14}C content in DOC. ■ – sum, ▲ – DOC from bulk soil, DOC from washed roots is a difference between sum and DOC from bulk soil.

The portion of total assimilated ^{14}C recovered in rhizosphere microorganisms decreased with the time (Figure 4). After six hours, microorganisms accounted for 5 % of total assimilated ^{14}C with a subsequent decrease. After that, ^{14}C content in microbial biomass was relatively stable and leveled off to approximately 1.5 %. An observed decline during first four days was large (about threefold) and might be connected with a contribution of microbial respiration of exudates to $^{14}CO_2$ efflux from the rhizosphere (Figures 2 and 4). It is assumed that the incorporation of C from low molecular organic compounds into more stable (polymeric) constituents of microbial cell was responsible for retention of ^{14}C during the following days.

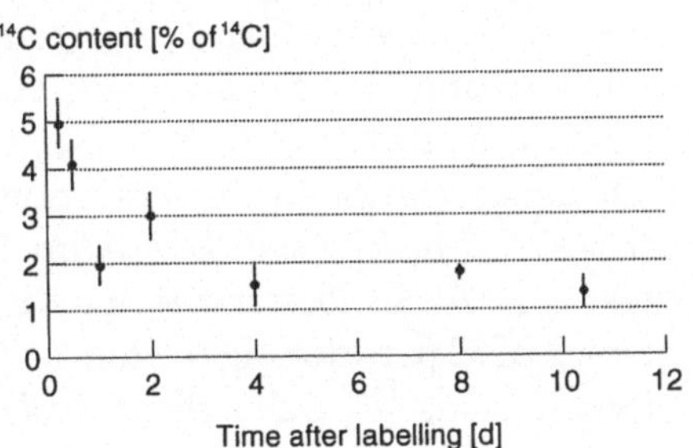

Figure 4. Measured (± SD) ^{14}C content in microbial biomass.

Conclusions

Below-ground allocation of ^{14}C was complete by eleventh day after labelling. Translocation of recently formed assimilates from shoots to roots and C flows between different below ground pools were very intensive during the few hours after ^{14}C-pulse. Maximal values were achieved about six - twelve hours after labelling. An observed decrease during next few days could be divided into two phases: fast phase followed by much slower one. The rhizosphere respiration of *L. perenne* accounted for 11 % of assimilated ^{14}C. Root and microbial contribution to CO_2 efflux from the soil was estimated to 40 and 60 %, respectively.

Acknowledgements

DFG supported this work through Graduiertenkolleg (768).

References

KUZYAKOV, Y.; EHRENSBERGER, H.; STAHR, K., 1999a: Rhizodeposition of *Lolium perenne* on two nitrogen levels and enhance of humus decomposition. *Soil Biology and Biochemistry* (submitted).

KUZYAKOV, Y.; KRETZSCHMAR, A.; STAHR, K., 1999b. Contribution of *Lolium perenne* rhizodeposition to carbon turnover of pasture soil. *Plant and Soil* [in print].

KUZYAKOV, Y.; STAHR, K., 1999. Decrease of humus decomposition during growth of *Lolium perenne* – negative priming effect. In: *Stoffumsatz im wurzelnahen Raum. 9. Borkeider Seminar zur Ökophysiologie des Wurzelraumes*. W. Merbach, L. Wittenmayer, J. Augustin (eds.) – Stuttgart, Leipzig: B. G. Teubner Verlag, 196-201.

PATTERSON, E.; RATTRAY, E. A. S.; KILLHAM, K., 1996: Effect of elevated atmospheric CO_2 concentration on C-partitioning and rhizosphere C-flow for three plant species. *Soil Biology and Biochemistry* **28**, 195-201.

RATTRAY, E. A. S.; PATTERSON, E.; KILLHAM, K., 1995: Characterisation of the dynamics of C-partitioning within *Lolium perenne* and to the rhizosphere microbial biomass using ^{14}C pulse chase. *Biology and Fertility of Soils* **19**, 280-286.

SWINNEN, J.; VAN VEEN, J. A.; MERCKX, R., 1994: ^{14}C pulse-labelling of field-grown spring wheat: an evaluation of its use in rhizosphere carbon budget estimations. *Soil Biology and Biochemistry* **29**, 161-170.

WHIPPS, J. M.; LYNCH, J. M., 1985: Energy losses by the plant in rhizodeposition. *Annual Proceedings of the Pythochemical Society of Europe* **26**, 59-71.

WHIPPS, J. M.; LYNCH, J. M., 1986: The influence of the rhizosphere on crop productivity. *Advances in Microbial Ecology* **9**, 187-244.

Rhizodeposition und Stoffverwertung.
10. Borkheider Seminar zur Ökophysiologie des Wurzelraumes.
Hrsg.: W. Merbach, L. Wittenmayer, J. Augustin. B. G. Teubner Stuttgart, Leipzig 2000, S. 165-170.

Exsudation ausgewählter organischer Säuren unter Phosphatmangelbedingungen

Esther GOERTZ und Petra MARSCHNER
Institut für Angewandte Botanik der Universität Hamburg, Marseiller Straße 7, D-20355 Hamburg

Abstract

The composition and quantity of low-molecular weight organic acids exudated by the roots of four different plant species (*Brassica napus* L., *Lycopersicum esculentum* L., *Medicago sativa* L., *Zea mays* L.) and two different tomato cultivars (*Lycopersicum esculentum* L, cv. 'Freude', 'Marmande') under deficient and sufficient phosphorus supply were assessed by HPLC. Organic acid exudation of the different plant species was influenced by both phosphorus supply and plant species respectively. *L. esculentum* and *M. sativa* exudated more organic acids under phosphorus deficient conditions. *B. napus* and *Z. mays* did not show this response and therefore might follow a different strategy in order to enhance phosphorus uptake. Under phosphorus deficiency, citrate and succinate exudation were enhanced in the tomato cultivar 'Freude' but the cultivar 'Marmande' showed no such response. Organic acid exudation decreased with increasing shoot dry weight in the cultivar 'Freude'. We conclude from our studies that the exudation of organic acids in response to phosphorus supply is both species and cultivar dependent.

Einleitung

Die Gesamtmenge des Makronährelementes Phosphor in Form des Phophats (P) kann im Boden relativ hoch sein. Sie läßt sich in organischen und mineralischen P aufteilen. Organischer P beinhaltet Phytate und andere P-Verbindungen sowie mikrobiellen P. Mineralischer P setzt sich aus Ca-, Fe- und Al-Phosphaten sowie aus über Brückenbindungen an Fe- und Al-Hydroxide und Huminsäuren sorbiertem P zusammen. Die Phosphatkonzentration in der Bodenlösung, das heißt der pflanzenzugängliche P, ist gering (<10 µM) (SCHACHTMANN *et al.* 1998).

Pflanzen haben verschiedene Mechanismen entwickelt, um an den im Boden befindlichen P zu gelangen. Durch verstärktes Wurzel- und Wurzelhaarwachstum kann die aufnehmende Oberfläche erhöht werden. Auch eine Symbiose mit Mykorrhizapilzen fördert die Phosphataufnahme. Ein weiterer Mechanismen der

Pflanzen ist z. B. die Ausscheidung von Phosphatasen. Letztere katalysieren die Hydrolyse des organischen P. Eine Verstärkung der ATPase-getriebenen Protonensekretion hat die Absenkung des *p*H-Wertes zur Folge, wodurch es zu einer verstärkten Solubilisierung von mineralischem P kommen kann. Schließlich ist die verstärkte Exsudation niedermolekularer organischer Säuren zu nennnen, die als Reaktion vieler Pflanzenarten auf P-Mangel erfolgt. Organische Säuren mobilisieren mineralischen P durch Verdrängung von P an den Austauscherplätzen (Desorption) sowie durch Chelatisierung von Metallionen, an die P gebunden ist (Gerke 1995). Hinsichtlich der Exsudation organischer Säuren verschiedener Pflanzenarten bei P-Mangel gibt es jedoch widersprüchliche Angaben in der Literatur (Jones 1998). In der vorliegenden Arbeit sollte zunächst untersucht werden, wie bei P-Mangel die Exsudation organischer Säuren bei ausgewählten Pflanzenarten quantitativ und qualitativ variiert. Um zu klären, ob diese Reaktion sortenabhängig ist, wurden außerdem die Exsudate zweier verschiedener Tomatensorten unter P-Mangelbedingungen verglichen.

Material und Methoden

Im ersten Versuch wurden die folgenden, in der Literatur erwähnten vier Arten ausgewählt: *Brassica napus* L. (Hoffland *et al.* 1992), *Lycopersicum esculentum* L. (Imas *et al.* 1997), *Medicago sativa* L. (Gerke 1995) und *Zea mays* L. (Petersen und Böttger 1991). Der Versuch wurde im Gewächshaus in mit Nährsalzen vermischtem Sand durchgeführt. Je drei Parallelen erhielten eine gute (+54 mg/kg) bzw. keine zusätzliche Phosphatversorgung in Form von KH_2PO_4. Die Exsudatsammlung und Ernte erfolgte im Dreiblattstadium der Pflanzen, das heißt 17 Tage (*B. napus, M. sativa, Z. mays*) bzw. 23 Tage (*L. esculentum*) nach der Aussaat. Für die Sammlung und Aufbereitung der Exsudate wurden die Pflanzen vorsichtig vom Sand befreit, zweimal in destilliertem Wasser abgespült und die Exsudate über eine Stunde in destilliertem Wasser gesammelt. Die Lösungen wurden gefriergetrocknet, filtriert und mit der HPLC quantitativ und qualitativ analysiert. Zudem wurden die Frischmassen der Sproße und Wurzeln bestimmt sowie die Trockenmasse der Wurzeln als Bezugseinheit für die Wurzelexsudate erfaßt.

Der zweite Versuch fand unter den gleichen Bedingungen wie der Artenvergleich statt. Es wurde ein Sortenvergleich von *Lycopersicum esculentum* L. durchgeführt. Verwendet wurde zum einen die Kirschtomate ‚Freude', die auch schon im ersten Versuch eingesetzt worden war, und zum anderen die Fleischtomate ‚Marmande'.

Ergebnisse und Diskussion

Alle Pflanzen der Variante ohne P zeigten deutlich Mangelsymptome, wie z. B. allgemeine Wuchsdepression und eine verstärkte Anthocyanbildung. Folgende organische Anionen wurden mit HPLC-Analyse nachgewiesen: Citrat, Malat, Succinat und Fumarat traten bei allen verwendeten Arten auf, *Iso*-Butyrat lediglich bei *B. napus* und *Z. mays*, Acetat und Oxoglutarat ausschließlich bei *B. napus*. *cis,trans*-Aconitat trat nur bei *Z. mays* auf, wohingegen Maleinat nur in den Exsudaten von *L. esculentum*, Malonat nur in denen von *M. sativa* gefunden wurde. Die mittleren Exsudationsraten der vier Arten bewegen sich zwischen 7 (*M. sativa*, +P) und 54 (*L. esculentum*, -P) µmol/(g Wurzel-TM · h) (Abb. 1). *B. napus* und *L. esculentum* schieden mehr organische Säuren aus als *M. sativa* und *Z. mays*. Bei *B. napus* und *Z. mays* war die Exsudation organischer Säuren bei beiden P-Stufen gleich. Dagegen führte P-Mangel bei *M. sativa* und *L. esculentum* zu einer deutlich erhöhten Exsudation organischer Säuren.

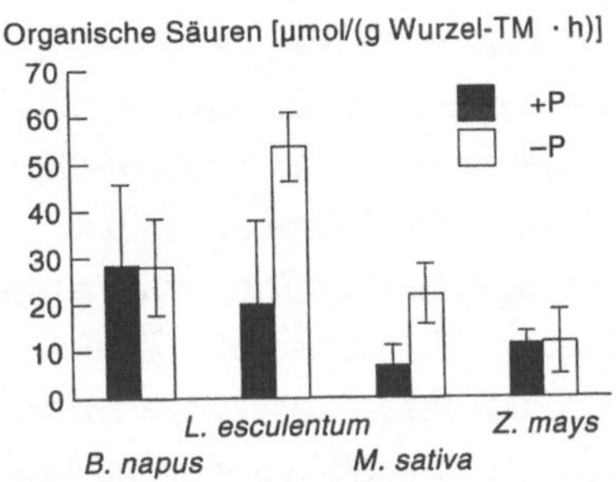

Abb. 1. Gesamtexsudationraten organischer Säuren in µmol/(g Wurzel-TM · h) der Arten *B. napus*, *L. esculentum*, *M. sativa* und *Z. mays* in Abhängigkeit von der P-Ernährung.

Die für die P-Mobilisierung für am wichtigsten gesehenen organischen Säuren Citronen- und Äpfelsäure (Gerke 1995) sind nachfolgend im Artenvergleich aufgeführt. Die Exsudationsrate von Citrat lag bei den verwendeten Arten im Bereich von 0 bis 1,5 µmol/(g Wurzel-TM · h) (Daten nicht gezeigt). Bei *B. napus* und *L. esculentum* war keine Abhängigkeit der Citratexsudation von der Phosphaternährung zu erkennen. Bei *M. sativa* war die Citratexsudation bei P-Mangel signifikant niedriger als bei ausreichender P-Versorgung. *Z. mays* schied die geringste Menge an Citrat aus.

Tab. 1. Mittlere Wurzel- und Sproßtrockenmassen der Tomatensorten ‚Freude' und ‚Marmande' bei ausreichender (+P) und mangelnder (-P) Phosphatversorgung. Angaben in mg je Gefäß ± Standardabweichung.

Organ	P-Versorgung	Tomatensorte	
		‚Freude'	‚Marmande'
Sproß	+P	273 ± 81	590 ± 95
	-P	83 ± 21	270 ± 20
Wurzel	+P	167 ± 143	477 ± 237
	-P	47 ± 15	153 ± 32

Die Malatexsudation war im Vergleich zur Citratexsudation bis zu einem Faktor von 25 höher (Daten nicht gezeigt). Besonders große Mengen an Malat wurden von *L. esculentum* ausgeschieden. Weder bei *B. napus* noch bei *M. sativa* war eine Abhängigkeit der Malatexsudation von der Phosphaternährung erkennbar. Dagegen war bei *L. esculentum* die Malatexsudation bei P-Mangel deutlich erhöht. Malat war in den Exsudaten von *Z. mays* nur in sehr geringen Mengen vorhanden.

Zusammenfassend ist festzustellen, daß die Exsudation organischer Säuren abhängig von der Phosphaternährung und der Pflanzenart war. *L. esculentum* und *M. sativa* reagierten auf Phosphatmangel mit einer Erhöhung der Exsudation organischer Säuren. *B. napus* und *Z. mays* verfolgen dagegen möglicherweise andere Strategien, um ihre Phosphatversorgung zu sichern.

Bei dem Sortenvergleich war die Trockenmasse der Sorte ‚Marmande' doppelt so groß wie die der Sorte ‚Freude' (Tab. 1). Bei beiden Sorten war sowohl die Sproß- als auch die Wurzeltrockenmasse unter P-Mangel erniedrigt. Die Gesamtexsudation war bei beiden Sorten etwa gleich hoch und zeigte nur bei der Sorte ‚Freude' eine Abhängigkeit von der Phosphatversorgung (Daten nicht gezeigt).

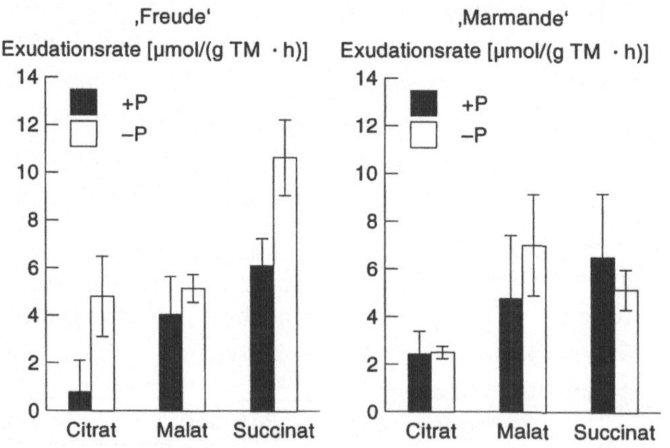

Abb. 2. Exsudationsraten von Citrat, Malat und Succinat der Sorten ‚Freude' und ‚Marmande' in Abhängigkeit von der Phosphatversorgung: ausreichende P-Versorgung (+P), P-Mangel (-P). Angaben in µmol/(g Wurzel-TM · h).

Bei der Sorte ‚Freude' waren sowohl die Citrat- als auch die Succinatexsudation unter P-Mangel erhöht (Abb. 2). Eine solche Reaktion konnte dagegen bei der Sorte ‚Marmande' nicht festgestellt werden. Gerke (1995) fand eine steigende Abgabe organischer Säuren mit sinkendem Phosphatgehalt des Sproßes. Die Ergebnisse aus diesem Versuch zeigen eine solche Beziehung nicht (Daten nicht gezeigt). Andererseits gibt es von Otani und Ae (1997) Hinweise, daß die Exsudation organischer

Säuren mit der Sproßtrockenmasse korreliert. Wird die Exsudationsrate von Citrat, Malat und Succinat in Abhängigkeit von der Sproßtrockenmasse dargestellt, so ist bei der Sorte ‚Freude' deutlich zu erkennen, daß die Abgabe aller drei organischen Anionen mit zunehmender Sproßtrockenmasse sank (Abb. 3). Eine derartige Abhängigkeit war bei der Sorte ‚Marmande' nicht festzustellen.

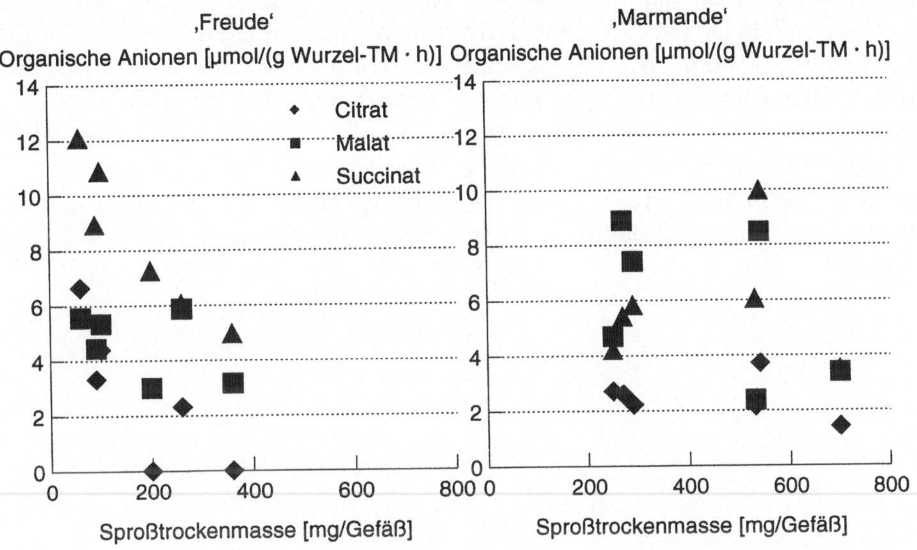

Abb. 3. Exsudationsraten in µmol/(g Wurzel-TM · h) von Citrat, Malat und Succinat in Abhängigkeit von der Sproßtrockenmasse der Sorten ‚Freude' und ‚Marmande'.

Zusammenfassend zeigen die Ergebnisse dieser Versuche, daß die Exsudation organischer Säuren in Abhängigkeit von der Phosphatversorgung nicht nur art-, sondern auch sortenspezifisch ist.

Literaturverzeichnis

Gerke, J., 1995: *Chemische Prozesse der Nährstoffmobilisierung in der Rhizosphäre und ihre Bedeutung für den Übergang vom Boden in die Pflanze.* – Göttingen: Cuvillier Verlag, 240 S.

Hoffland, E.; Van Den Boogard, R.; Nelemans, J.; Findenegg, G., 1992: Biosynthesis and root exudation of citric and malic acids in phosphate-starved rape plants. *New Phytologist* **122**, 675–680.

Imas, P.; Bar-Yosef, B.; Kafkafi, U.; Ganmore-Neumann, R., 1997: Phosphate induced carboxylate and proton release by tomato roots. *Plant and Soil* **191**, 35-39.

JONES, D. L., 1998: Organic acids in the rhizosphere – a critical review. *Plant and Soil* **205**, 25-44.

OTANI, T.; AE, N., 1997: The exudation of organic acids by pigeonpea roots for solubilizing iron- and aluminum-bound phosphorus. In: *Plant Nutrition for Sustainable Food Production and Environment*. T. Ando, K. Fujita, T. Mae, H. Matsumoto, S. Mori, J. Sekiya (Hrsg.) – Dordrecht: Kluwer Academic Publishers, 325-326.

PETERSEN, W.; BÖTTGER, M., 1991: Contribution of organic acids to the acidification of the rhizosphere of maize seedlings. *Plant and Soil* **132**, 159-163.

SCHACHTMANN, D. P.; REID, R. J.; AYLING, S. M., 1998: Phosphorus uptake by plants: from soil to cell. *Plant Physiology* **116**, 117-153.

STRÖM, L.; OLSSON, T.; TYLER, G., 1994: Differences between calcifuge and acidifuge plants in root exudation of low-molecular organic acids. *Plant and Soil* **167**, 239-245.

Rhizodeposition und Stoffverwertung.
10. Borkheider Seminar zur Ökophysiologie des Wurzelraumes.
Hrsg.: W. Merbach, L. Wittenmayer, J. Augustin. B. G. Teubner Stuttgart, Leipzig 2000, S. 171-176.

Citrat- und Malatexsudation sowie Aktivität der sauren Phosphatase bei *Brassica napus* L.

Angelika Rumberger und Petra Marschner
Institut für Angewandte Botanik der Universität Hamburg, Marseiller Straße 7, D-20355 Hamburg

Abstract

Citrate and malate exudation and phosphatase activity was investigated using four rape cultivars grown in nutrient solution containg 5, 20 or 80 µM KH_2PO_4. A moderate phosphate deficiency (20 µM KH_2PO_4), which had no effect on shoot dry matter and root/shoot ratio, increased exudation of citrate and malate. With high phosphate deficiency (5 µM KH_2PO_4) root/shoot ratio was strongly increased, while citrate and malate exudation were low. Acid phosphatase activity increased with decreasing phosphate supply and the extent of these reactions was cultivar specific. Interactions between phosphate and iron deficiency were also assessed. Citrate exudation was increased both by phosphate and iron deficiency. However, the combination of low phosphorus and low iron did not increase citrate exudation further. The enhanced activity of acid phosphatase with iron starvation is considered as a unspecific stress reaction. It is concluded that phosphorus deficiency may improve the iron availability and vice versa.

Einleitung

Phospor liegt im Boden zu 20 ... 80 % in organisch gebundener Form vor (Schachtmann *et al.* 1998). Das mineralische Phosphat setzt sich aus unlöslichen Eisen-, Calcium- und Aluminiumsalzen und aus über Eisen- und Aluminiumbrücken sorbiertes Phosphat zusammen (Gerke 1995). Trotz zum Teil hoher Gesamtphosphatgehalte des Bodens ist die Phosphatkonzentration in der Bodenlösung oft gering. Pflanzen haben verschiedene Strategien entwickelt, ausreichend Phosphat aufzunehmen. Als Reaktion auf Phosphatmangel kann es z. B. zu einem verstärktem Wurzelwachstum (Brewster *et al.* 1976), zu einer verstärkten Hydrolysierung organischen Phosphates durch eine erhöhte Aktivität der sauren Phosphatase (Hedley *et al.* 1982b) oder zu einer Mobilisierung mineralischer Phosphate durch organische Säuren kommen (Hoffland 1992). Organische Säuren wie Citronen- und Äpfelsäure chelatisieren mehrwertige Kationen und solubilisieren auf diese

Weise unlösliche Phosphatsalze und über Eisen- und Aluminiumbrücken sorbiertes Phosphat (Gerke 1995). Somit wird bei P-Mobilisierung durch Citrat und Malat auch Eisen in löslicher Form verfügbar (Jones *et al.* 1996). Weiterhin können organische Säuren Phosphat durch Ligandenaustausch von den Bindungsstellen verdrängen (Gerke 1995).

Ziel der Untersuchung ist es, die Reaktion verschiedener Rapssorten auf unterschiedliche Phosphatversorgung in Hinblick auf Wachstum, Aktivität der sauren Phosphatase und Citrat- und Malatexsudation sowie mögliche Interaktionen zwischen Eisen- und Phosphatmangel in Bezug auf die Citratexsudation und die Phosphataseaktivität zu untersuchen.

Material und Methoden

Raps wurde auf Quarzsand bis zum Dreiblattstadium angezogen. Der Sand wurde mit einer Nährlösung mit 100 µM KH_2PO_4 feucht gehalten. Die Nährlösung setzte sich zusammen aus K_2SO_4 – 1 mM, $(NH_4)_2SO_4$, $Ca(NO_3)_2$, $CaCl_2$, $MgSO_4$ je 0,5 mM; FeNaEDTA – 0,1 mM, H_3BO_3 – 10 µM, $MnSO_4$ – 1 µM, $CuCl_2$ und $ZnSO_4$ je 0,5 µM sowie $(NH_4)_6Mo_7O_{24}$ – 0,35 µM. Nach der Anzucht wurden die Wurzeln vorsichtig ausgewaschen und je acht Pflanzen zusammen in 4,5 l Nährlösung überführt. Die Nährlösung wurde alle zwei bis drei Tage gewechselt, wobei der *p*H-Wert bei jedem Wechsel auf 6,5 eingestellt wurde.

Im ersten Versuch wurden die Winterrapssorten ‚Calibra', ‚Karola' und ‚Sollux' und die Sommerrapssorte ‚Jumbo' bei 5, 20 beziehungsweise 80 µM KH_2PO_4 mit je zwei Parallelen pro Sorte und Phosphatangebot untersucht.

Im zweiten Versuch wurde die Interaktion zwischen Phosphat- und Eisenmangel bei der Winterrapssorte ‚Sollux' bei 20 beziehungsweise 80 µM KH_2PO_4 kombiniert mit 0,1 µM bzw 100 µM FeNaEDTA mit vier Parallelen pro Nährstoffkombination getestet.

Beide Versuche wurden im Gewächshaus durchgeführt. Nach 21 Tagen Flüssigkultur wurden die Exsudate von je vier Pflanzen zwei Stunden nach Einsetzen der Zusatzbeleuchtung über zwei Stunden in je 50 ml deionisiertem Wasser gesammelt. Von der Sammellösung wurden 15 ml durch Gefriertrocknung (-30 °C und 0,5 ... 0,05 hPa) auf 2 ml aufkonzentriert. Der Gehalt an Citrat und Malat wurde enzymatisch bestimmt (Bergmeyer 1974). Die Aktivität der sauren Phosphatase wurde 30 min nach der Exsudatsammlung nach McLachlan (1980) bestimmt. Der Phosphatgehalt der Pflanzen wurde nach Veraschung nach Murphy und Riley (1962) ermittelt.

Ergebnisse und Diskussion

Im ersten Versuch erreichten ‚Jumbo', ‚Karola' und ‚Sollux' bei 20 µM KH_2PO_4 trotz den im Vergleich zur ausreichenden P-Ernährung halbierten Sproßphosphorgehalten noch über 90 % der Sproßtrockenmasse, ‚Calibra' über 80 % (Tab. 1). Die Wurzel/Sproß-Verhältnisse veränderten sich nicht. Bei 5 µM KH_2PO_4 waren die Sproßtrockenmassen aller Sorten auf ca. 40 % der bei ausreichender Phosphaternährung verringert und die Wurzel/Sproß-Verhältnisse deutlich erhöht, während der Phosphorgehalt des Sprosses nur noch ein Viertel desjenigen bei ausreichender Ernährung betrug. Auch BREWSTER *et al.* (1976) beschreiben ein erhöhtes Wurzel/Sproß-Verhältnis als Reaktion des Raps auf Phosphatmangel in Nährlösung.

Tab. 1. Sproßtrockenmasse, Wurzel/Sproß-Verhältnis und P-Gehalt des Sprosses von vier Rapssorten bei unterschiedlicher P-Versorgung.

Parameter	KH_2PO_4 [µM]	Rapssorte			
		‚Calibra'	‚Jumbo'	‚Karola'	‚Sollux'
Sproßtrokkenmasse [mg/Pflanze]	5	413	328	366	290
	20	629	791	724	871
	80	742	822	778	915
Wurzel-Sproß-Verhältnis	5	0,09	0,15	0,12	0,17
	20	0,05	0,05	0,06	0,07
	80	0,05	0,06	0,05	0,06
P-Gehalt des Sprosses [µg/g TM]	5	86	93	85	84
	20	177	157	163	144
	80	305	347	374	312

Alle Sorten schieden über die Wurzeln mehr Malat als Citrat aus, wobei jedoch die Höhe der Exsudation sortenabhängig war (Tab. 2). ‚Calibra' schied am wenigsten aus. Bei ‚Jumbo', ‚Karola' und ‚Sollux' erfolgte die höchste Exsudation bei 20 µM KH_2PO_4. Diese Ergebnisse zeigen, daß die Abgabe von Malat und Citrat sowohl von der Sorte als auch von dem Grad des Phosphatmangels abhängig ist. Denn nur ein moderater Phosphatmangel, der das Sproßwachstum kaum einschränkte (Tab. 1), führte zur maximalen Exsudation (Tab. 2). Bei noch stärkerem Phosphatmangel dagegen wurde das Wurzelwachstum verstärkt (Tab. 1), während die Citrat- und Malatexsudation reduziert war (Tab. 2). Vergleichbares beschreiben

ZHANG *et al.* (1997) für *Raphanus sativus* L. Dies mag auch erklären, weshalb HEDLEY *et al.* (1982a) bei Phosphatmangel keine erhöhte Säureexsudation bei Raps fanden. Die Phosphataseaktivität stieg bei allen vier Sorten mit abnehmenden Phosphatangebot. Dieses entspricht den Ergebnissen von HEDLEY *et al.* (1982b).

Tab. 2. Citrat- und Malatexsudation sowie Phosphataseaktivität von vier Rapssorten bei unterschiedlicher P-Versorgung. Angaben pro Gramm Wurzeltrockenmasse.

Parameter	KH_2PO_4 [µM]	Rapssorte			
		‚Calibra'	‚Jumbo'	‚Karola'	‚Sollux'
Citrat-exsudation [mg/g TM]	5	0,005	0,002	0,54	0,481
	20	0,004	1,745	0,797	1,175
	80	0,003	0,564	0,428	0,42
Malat-exsudation [mg/g TM]	5	2	3	2	6
	20	5	24	11	13
	80	5	10	1	4
Phosphatase-aktivität [µmol/g TM]	5	127	103	92	119
	20	104	58	74	37
	80	61	45	56	56

Tab. 3. Sproßtrockenmasse je Pflanze, Wurzel/Sproß-Verhältnis sowie P- und Fe-Gehalt des Sprosses der Sorte ‚Sollux' bei unterschiedlicher P- und Fe-Versorgung; n = 4. Unterschiedliche Buchstaben in der gleichen Spalte zeigen signifikante Unterschiede ($P \leq 0{,}05$).

KH_2PO_4 [µM]	FeNaEDTA [µM]	Sproßtrocken-masse [mg]	Wurzel/Sproß-Verhältnis	Gehalt [µg/g]	
				P	Fe
20	100	429 c	0,08 a	639 a	69 b
	0,1	165 a	0,12 b	1587 b	53 a
80	100	363 c	0,08 a	1270 b	75 b
	0,1	266 b	0,10 b	1435 b	42 a

Im zweiten Versuch wurden das Wurzel/Sproß-Verhältnis von ‚Sollux' durch die Phosphaternährung nicht beeinflußt (Tab. 3). Eisenmangel führte zu einer geringeren Sproßtrockenmasse und einem erhöhten Wurzel/Sproß-Verhältnis. Dabei waren die mit 20 µM KH_2PO_4 ernährten Eisenmangelpflanzen kleiner als die mit ausreichend Phosphat versorgten. Die Eisenmangelflanzen zeigten deutliche Interkostalchlorosen.

Die Citratexsudation war sowohl bei Phosphatmangel als auch bei Eisenmangel erhöht (Tab. 4). Dieses war vermutet worden, da nach VENKAT-RAJU *et al.* (1972) manche Pflanzen bei Eisenmangel erhöhte Citratkonzentrationen in den Wurzeln aufweisen. Die Kombination von Eisen- und Phosphatmangel führte nicht zu einer stärkeren Citratexsudation als der Mangel eines der beiden Nährstoffe allein.

Tab. 4. Citratexsudation und Phosphataseaktivität bei der Sorte ‚Sollux' bei unterschiedlicher P- und Fe-Versorgung. Angaben pro Gramm Wurzeltrockenmasse; n = 4. Unterschiedliche Buchstaben in der gleichen Spalte zeigen signifikante Unterschiede ($P \leq 0{,}05$).

KH_2PO_4 [µM]	FeNaEDTA [µM]	Citratexsudation [µg/g TM]	Phosphataseaktivität [µmol/g TM]
20	100	241 b	26 a
	0,1	239 b	37 b
80	100	27 a	27 a
	0,1	411 b	33 b

Die Phosphataseaktivität war bei Eisenmangel unabhängig von der Phosphatversorgung erhöht (Tab. 4). Eine erhöhte Phosphataseaktivität tritt als generelle Streßreaktion auch bei Salz- und Dürrestreß auf (MUÑOS *et al.* 1997).

Die Ergebnisse dieses Versuches zeigen, daß sowohl Eisen- als auch Phosphatmangel zu einer verstärkten Citratabgabe und zu einer Vergrößerung des Wurzel/Sproß-Verhältnisses führen. Außerdem wird bei Eisenmangel als Streßreaktion die Phosphataseaktivität erhöht. Dadurch kann der Mangel an einem der beiden Nährstoffe auch zu einer verstärkten Mobilisierung des jeweils anderen führen. Dieses könnte auf kalkhaltigen Böden von Bedeutung sein, auf denen sowohl die Eisen- als auch die Phosphatverfügbarkeit gering sind.

Literaturverzeichnis

BERGMEYER, H. V., 1974: *Methoden der Enzymatischen Analyse.* — 3. Auflage. Weinheim, Deerfield Beach (Florida), Basel: Verlag Chemie. 649-653 und 1611-1615.

BREWSTER, J. L.; BHAT, K. K. S.; NYE, P. H., 1976: The possibilty of predicing solute uptake and plant growth response from independently measured soil and plant charasteristics. VI. The growth and uptake of rape in solutions of different phosphorus concentration. *Plant and Soil* **44**, 279-293.

GERKE, J., 1995: *Chemische Prozesse der Nährstoffmobilisierung in der Rhizosphäre und ihre Bedeutung für den Übergang vom Boden in die Pflanze.* – Göttingen: Cuvillier Verlag, 240 S.

HEDLEY, M. J.; NYE, P. H.; WHITE, R. E., 1982a: Plant-induced changes in the rhizosphere of rape (*Brassica napus* var. Emerald) seedlings: II. Origin of *p*H change. *New Phytologist* **91**, 31-44.

HEDLEY, M. J.; WHITE, E.; NYE, P. H., 1982b: Plant-induced changes in the rhizosphere of rape (*Brassica napus* var. Emerald) seedlings: III. Changes in L value, soil phosphatase fractions and phosphatase activity. *New Phytologist* **91**, 45-56.

HOFFLAND, E., 1992: Quantitative evaluation of the role of organic acid exsudation in the mobilization of rock phosphate by rape. *Plant and Soil* **140**, 279-289.

JONES, D. J; DARRAH, P. R.; KOCHIAN, L. V., 1996: Critical evaluation of organic acid mediated iron dissolution in the rhizosphere and ist potential role in root iron uptake. *Plant and Soil* **180**, 57-66.

MCLACHLAN, K. D., 1980: Acid phosphatase activity of intact roots and phosphorus nutrition in plants. I. Assay conditions and phosphatase activity. *Australian Journal of Agricultural Research* **31**, 429-440.

MUÑOS, G. E.; GONZALEZ, C.; FLORES, P., 1997: Extracellular acid phosphatase activity in *Prosopis chilenensis* roots under salt and drought stress conditions: Effect of root caps. In: *Radical Biology: Advances and Perspectives on the Function of Plant Roots.* H. E. Flores, J. P. Lynch, D. M. Eissenstat (Hrsg.) – American Society of Plant Physiologists, 467-470.

MURPHY, J.; RILEY, J. P., 1962: A modified single solution method for the determination of phosphate in natural waters. *Analytica Chemica Acta* **27**, 31-36.

SCHACHTMANN, D. P.; REID, R. J.; AYLING, S. M., 1998: Phosphorus uptake by plants: from soil to cell. *Plant Physiology* **116**, 447-453.

VENKAT-RAJU, K.; MARSCHNER, H.; RÖMHELD, V., 1972: Effect of iron nutritional status on ion uptake, substrate *p*H and production and release of organic acids and riboflavine by sunflower plants. *Zeitschrift für Pflanzenernährung und Bodenkunde* **132**, 177-190.

ZHANG, F. S.; MA, J.; CAO, Y. P., 1997: Phosphorus deficiency enhances root exudation of low-molecular wight organic acids and utilization of sparingly soluble inorganic phosphates bei radish (*Raphanus sativus* L.) und rape (*Brassica napus* L.) plants. In: *Plant Nutrition – For Sustainable Food Production and Environment.* T. Ando *et al.* (Hrsg.) – Kluwer Academic Publishers, 301-304.

Rhizodeposition und Stoffverwertung.
10. Borkheider Seminar zur Ökophysiologie des Wurzelraumes.
Hrsg.: W. Merbach, L. Wittenmayer, J. Augustin. B. G. Teubner Stuttgart, Leipzig 2000, S. 177-182

Untersuchungen zur Gewinnung von Wurzelabscheidungen bei Apfel (*Malus × domestica* Borkh.)

Lutz Wittenmayer
Institut für Bodenkunde und Pflanzenernährung der Martin-Luther-Universität Halle - Wittenberg, Adam-Kuckhoff-Straße 17 b, D-06108 Halle (Saale)

Abstract

Various methodes for root exudation depending on the plant variety, growth substrate have been investigated so far, among them percolation and root washing are in common use. Both methods have advantages as well as disadvantages, e. g., the applicability of the percolation method is restricted to coarse, easy to exhauste substrates whereas root washing involves a higher risk for root damage.

In experiments, especially where soil-born pathogen and their interactions with plants are involved, the growth conditions have to be as close as possible to the natural habitat. In these cases, the use of soil becomes necessary. Therefore, the present work estimates the risk for root damage when root exudates of apple seedling (*Malus × domestica* Borkh.) are collected by root washing using ^{32}P method as indicator for nutrient uptake. Resultes from phosphate uptake experiments indicate that root-washing with cold (20 °C) water did not result in a significant root damage whereas the application of warm (60 °C) decreased the nutrient uptake slightly. In another experiment with previously ^{32}P-labelled roots no significant losses of radioactivity during root-washing was observed at both temperatures indicating that the plant cells did not leak and remained undamaged.

Einleitung

Zur Gewinnung von Wurzelabscheidungen werden je nach untersuchter Pflanzenart und Kultivierungsmethode verschiedene Gewinnungsverfahren eingesetzt. Neben der Perkolation des Anzuchtsubstrates findet die Abstauchmethode Anwendung, bei der im Unterschied zum erstgenannten Verfahren die Pflanzen zur Abscheidungsgewinnung nicht in den Anzuchtgefäßen verbleiben, sondern deren Wurzeln mit dem anhaftenden festen Substrat in einem Behälter mit destilliertem Wasser gewaschen werden (Wittenmayer *et al.* 1995). Voraussetzung für die Anwendung der Perkolation ist jedoch die Kultivierung der Pflanzen in einem leicht auswaschbaren Substrat. Hier ist eine Anzucht auf Böden oder auf gärtnerischen

Erden aufgrund ihrer relativ niedrigen Wasserleitfähigkeit nicht möglich. Die wichtigsten Vor- und Nachteile beider Gewinnungsverfahren faßt die Tab. 1 zusammen.

Tab. 1. Vor- und Nachteile bei der Anwendung der Perkolations- und der Abstauschmethode zur Gewinnung von Wurzelabscheidungen bei der Anzucht von Pflanzen auf festem Substrat.

	Perkolationsmethode	Abstauchmethode
umfassende stoffliche Charaktersierung	nicht möglich, da nur kaltwasserlösliche Wurzelabscheidungen erfaßt werden, Ausbeute ist zu prüfen	fraktionierte Gewinnung (kalt- und warmwasserlösliche Verbindungen, Schleimstoff)
Einschränkung für die Anwendung	auf leicht perkolierbare Substrate (z. B. grober Sand) beschränkt	universell einsetzbar
Weiterkultivierung der Pflanzen nach Gewinnung der Abscheidungen	möglich	nicht möglich
Untersuchungen an derselben Pflanze über größere Zeiträume	möglich	nicht möglich
Gefahr der Verletzung der Wurzeln bei der Gewinnung der Wurzelabscheidungen	keine bis sehr gering	gering bis hoch, in Abhängigkeit vom Substrat, Pflanzenart und Geschicklichkeit des Versuchsanstellers

Mitunter erfordert jedoch die Versuchsfragestellung die Verwendung von Böden, z. B. bei Untersuchungen zur Ursache der Bodenmüdigkeit. Hier kann nur die Abstauchmethode eingesetzt werden. Aus vorangegangenen Untersuchungen ist bekannt, daß Apfelsämlinge im Vergleich zur krautigen Pflanzen nur sehr geringe Mengen an Wurzelabscheidungen produzieren (Wittenmayer und Deubel 1999). Ein verletzungsbedingter Ausfluß von Zellinhaltsstoffen würde die qualitative und quantitative Bestimmung der Wurzelabscheidungen stark beeinträchtigen und das Analysenergebnis wesentlich verfälschen.

Ziel der vorliegenden Untersuchung war es, Verletzungsrisiken für die Wurzel bei der Anwendung des Abstauchverfahrens zur Gewinnung von Wurzelabscheidungen bei Apfelsämlingen abzuschätzen. Als Kriterium für die Unversehrtheit der

Wurzeloberfläche wurde die Aufnahme von $H_2{}^{32}PO_4^-$ herangezogen, da Phosphationen nur von intakten Wurzeln aktiv aufgenommen werden können (MARSCHNER 1995). Eine reduzierte ^{32}P-Aufnahme würde auf eine wesentliche Schädigung der Wurzel hinweisen. Außerdem sollten die Wurzeln mit ^{32}P gefütterter Pflanzen nach dem Abstauchverfahren behandelt werden. Eine Abgabe von bereits aufgenommenem ^{32}P während der Gewinnung der Abscheidungen würde auf den Ausfluß von Zellinhaltsstofen hinweisen.

Material und Methoden

Samen vom Apfel (*Malus* × *domestica* cv. ‚Bittenfelder Sämling') wurden vier bis sechs Wochen bei 2...6 °C in der Kühlzelle in feuchtem Sand stratifiziert. Zur Vermeidung einer Verpilzung war es von Zeit zu Zeit erfoderlich, den Sand aufzulockern und umzuschichten. Sobald sich Wurzelspitzen zeigten, wurden die Samen in autoklaviertem keimfreiem Aquariumsand (1...2 mm Korngröße) ausgelegt. Dies geschah in Keimschalen, in welche das mit gesättigter $CaSO_4$-Lösung angefeuchtete Substrat ca. 3 cm hoch eingefüllt worden war. Die Samen wurden mit einem Abstand von 1,5 × 4 cm in eine Tiefe von 1 cm eingebracht und im Phytotron bei 22 °C in der Lichtphase (14 h, 22 klux, HQL und Glühfadenlampen) sowie 18 °C in der Dunkelphase (10 h) keimen gelassen. Die relative Luftfeuchtigkeit betrug ständig 75 %. Nach drei bis fünf Tagen erreichten die Pflanzen das Zweiblattstadium, und es erfolgte das Vereinzeln in runde Plastegefäße mit 8 cm Durchmesser und 7 cm Höhe, die unten Belüftungslöcher besaßen. Die Substratfeuchte entsprach 80...90 % der maximalen Wasserhaltekapazität. Die Gefäße blieben im Phytotron unter den gleichen Bedingungen stehen und wurden täglich ein- bis dreimal mit einer Nährlösung folgender Zusammensetzung gegossen: 3,0 mM KNO_3, 2,5 mM $Ca(NO_3)_2$, 0,5 mM $Ca(H_2PO_4)_2$, 1,0 mM $MgSO_4$, 12 µM Fe-EDTA, 4,0 µM $MnCl_2$, 22,0 µM H_3BO_3, 0,4 µM $ZnSO_4$, 1,6 µM $CuSO_4$, 0,05 µM Na_2MoO_4 (JOHNSON *et al.* 1994). Abschließend wurde der *p*H-Wert der fertigen Nährlösung mit 0,5 M NaOH oder 0,1 M HCl auf 6,5 eingestellt. Die Pflanzen erreichten unter diesen Bedingungen nach vier bis sechs Wochen das 8...10-Blattstadium.

Im ersten Versuch wurden die Wurzeln von jeweils vier intakten Apfelsämlingen 2 min entweder in 20 °C oder in 60 °C warmes Wasser (jeweils 300 ml) getaucht. Während die kaltwasserlöslichen Substanzen monomere Verbindungen darstellen, bestehen die in 60 °C warmem Wasser gewonnenen Wurzelabscheidungen größtenteils aus Polymeren (z. B. Schleimstoffen), die in geringen Mengen auch niedermolekulare Substanzen einschließen können.

Als Vergleichslösung diente Chloroform, das bekanntlich die Zellen stark schädigt. Danach erfolgte die Umsetzung der Pflanzen für zwei Stunden in 300 ml der bereits weiter oben beschriebenen Nährlösung, die zusätzlich 18,5 MBq $NaH_2{}^{32}PO_4$ enthielt (Abb. 1).

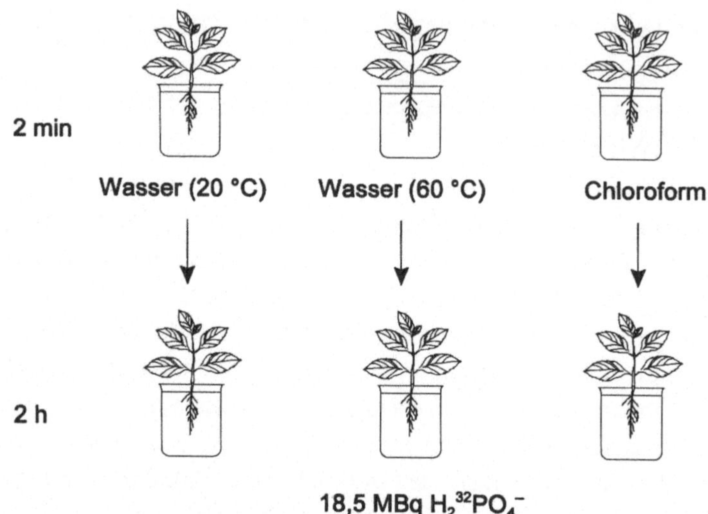

Abb. 1. ^{32}P-Aufnahme durch die Wurzel in Abhängigkeit von der Vorbehandlung mit 20 °C bzw. 60 °C warmem Wasser oder Chloroform. Oben: zweiminütiges Eintauchen der Wurzeln von Apfelsämlingen in die verschiedenen Lösungsmittel, dann Umsetzen der Pflanzen in eine $NaH_2{}^{32}PO_4$-haltige Nährlösung (unten).

Im Anschluß wurden die Wurzeln der Pflanzen mit destilliertem Wasser kurz abgespült, um an der Oberfläche anhaftendes ^{32}P zu entfernen. Nach Zerlegen der Pflanze in Wurzel, Hypokotyl, Epikotyl und Sproß erfolgte die Bestimmung der Radioaktivität der drei erstgenannten Pflanzenteile an einem Bohrlochzähler.

In einem zweiten Versuch wurde die Reihenfolge der Versuchsanordnung umgekehrt: Nun kam es zuerst zur Markierung der Pflanzen innerhalb von zwei Stunden mit Hilfe der Nährlösung, die 18,5 MBq $NaH_2{}^{32}PO_4$ enthielt, danach wurden die Wurzeln der Pflanzen 2 min in 20 °C oder in 60 °C warmem Wasser abgestaucht. Zum Vergleich diente wiederum Chloroform. Allerdings wurden nach dem zweiminütigen Eintauchen in Chloroform die Pflanzenwurzeln noch 2 min in 20 °C warmem Wasser gehalten, um das Austreten der wasserlöslichen Zellinhaltsstoffe zu ermöglichen.

Ergebnisse und Diskussion

Die Ergebnisse des ersten Versuches gibt die Abb. 2 wieder. Die mit 20 °C warmem Wasser behandelten Wurzeln enthielten signifikant mehr ^{32}P als die Wurzeln der übrigen Varianten. Dies gilt auch für das Hypokotyl. Im Epikotyl konnte sich auf Grund der kurzen Versuchszeit dieser Unterschied noch nicht ausbilden.

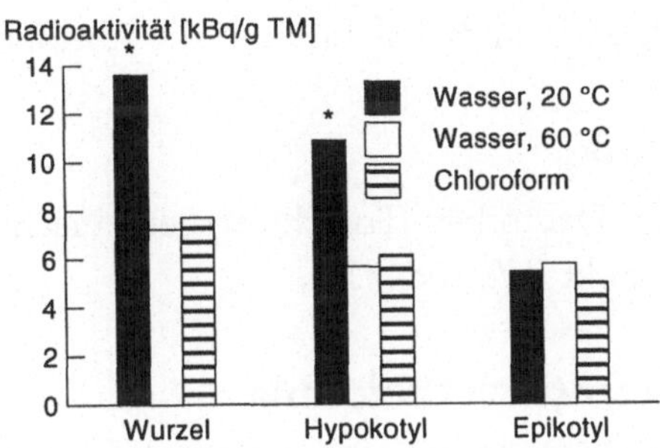

Abb. 2. Einfluß einer zweiminütigen Behandlung der Wurzel von Apfelsämlingen mit 20 °C bzw. 60 °C warmem Wasser oder mit Chloroform auf den $H_2{}^{32}PO_4^-$-Gehalt von Apfelsämlingen. n = 4.

Es stellte sich nun die Frage, ob die Beeinträchtigung der ^{32}P-Aufnahme bei 60 °C mit einer Verletzung der Zellmembranen und folglich mit einem Auslaufen der Zellen verbunden ist. Um dies zu prüfen, wurde die Abfolge in der Versuchsanordnung umgekehrt: Zuerst wurden die Pflanzen zwei Stunden in einer Nährlösung mit 18,5 MBq $NaH_2{}^{32}PO_4$ gefüttert, danach die Wurzeln der Pflanzen 2 min in 20 °C oder in 60 °C warmem Wasser abgestaucht. Das Ergebnis der Untersuchung gibt Tab. 1 wieder:

Tab. 2. Abgabe von $H_2{}^{32}PO_4^-$ während einer zweiminütigen Behandlung der Wurzel von Apfelsämlingen mit 20 °C bzw. 60 °C warmem Wasser oder mit Chloroform, n = 4. Angaben in Prozent der Gesamtradioaktivität der Wurzel vor dem Eintauchen Mittelwert ± SD.

Wasser		Chloroform
20 °C	60 °C	
20,6 ± 2,3	22,3 ± 4,2	23,6 ± 2,0

Zunächst fällt auf, daß ca. ein Fünftel der Gesamtradioaktivität der Wurzel nur oberflächlich gebunden war (abgegebene Radioaktivität bei 20 °C). Zwar besteht die Tendenz einer im Vergleich zu 20 °C erhöhten ^{32}P-Abgabe in der 60 °C- sowie in der Chloroform-Variante. Diese Unterschiede waren aber statistisch nicht signifikant. Innerhalb der für die Gewinnung der Wurzelabscheidungen gewählten

Zeitspanne von 2 min ist somit auszuschließen, daß selbst nach Einwirkung von Faktoren, die die Stoffaufnahme in die Wurzel beeinträchtigen, signifikante Mengen an Zellinhaltsstoffen in die Abstauchlösung gelangen konnten.

Dank

Der Deutschen Forschungsgemeinschaft sei für die finanzielle Unterstützung gedankt (Wi 1354/1-1).

Literaturverzeichnis

JOHNSON, J. F.; ALLAN, D. L.; VANCE, C. P, 1994. Phosphorus stress-induced proteoid roots show altered metabolism in *Lupinus albus. Plant Physiology* **104**: 657-665.

MARSCHNER, H., 1995: *Mineral Nutrition of Higher Plants.* – 2. Auflage. London: Academic Press.

WITTENMAYER, L., DEUBEL, A., 1999: Induktion von Symptomen der Bodenmüdigkeit bei Apfelsämlingen im Gefäßversuch. In: *Stoffumsatz im wurzelnahen Raum. 9. Borkheider Seminar zur Ökophysiologie des Wurzelraumes.* Hrsg.: W. Merbach, L. Wittenmayer, J. Augsutin – Stuttgart, Leipzig: Teubner, S.115-121.

WITTENMAYER, L.; GRANSEE, A., 1992: Untersuchungen zur quantitativen und qualitativen Bestimmung von organischen Wurzelausscheidungen bei Mais und Erbsen. *Ökophysiologie des Wurzelraumes. Vorträge zur 3. wissenschaftlichen Arbeitstagung vom 7. bis 9. September 1992 in Borkheide.* Hrsg.: W. Merbach. Müncheberg: Selbstverlag, S. 81-85.

WITTENMAYER, L., A. GRANSEE und G. SCHILLING, 1995: Untersuchungen zur quantitativen und qualitativen Bestimmung von organischen Wurzelabscheidungen bei Mais und Erbsen. *Mitteilungen der Deutschen Bodenkundlichen Gesellschaft* **76**: 971-974.

Verzeichnis der Teilnehmer

Dr. Jürgen Augustin, Institut für Primärproduktion und Mikrobielle Ökologie im ZALF Müncheberg, Eberswalder Str. 84, D-15374 Müncheberg

Dr. Heidrun Beschow, Institut für Bodenkunde und Pflanzenernährung der Martin-Luther-Universität Halle-Wittenberg, Adam-Kuckhoff-Str. 17 b, D-06108 Halle

Christina Birke, Institut für Bodenkunde und Pflanzenernährung der Martin-Luther-Universität Halle-Wittenberg, Adam-Kuckhoff-Str. 17 b, D-06108 Halle

Dr. Annette Deubel, Institut für Bodenkunde und Pflanzenernährung der Martin-Luther-Univeristät Halle-Wittenberg, Adam-Kuckhoff-Straße 17b, D-06108 Halle

Grzegorz Domanski, Institute of Agrophysics, Doswiadczalna 4, PL-20290 Lublin, Polen

Emin Bülent Erenoğlu, Institut für Pflanzenernährung der Universität Hohenheim, Fruwirthstraße 12, D-70595 Stuttgart

Dr. Wolfgang Gans, Institut für Bodenkunde und Pflanzenernährung der Martin-Luther-Universität Halle-Wittenberg, Adam-Kuckhoff-Str. 17 b, D-06108 Halle

Esther Goertz, Institut für Angewandte Botanik der Universität Hamburg, Marseiller Straße 7, D-20355 Hamburg

Manfred Gollner, Institut für Ökologischen Landbau der Universität für Bodenkultur, Gregor-Mendel-Straße 33, A-1180 Wien

Inga Göllnitz, Institut für Angewandte Botanik, Abteilung Nutzpflanzenbiologie, der Universität Hamburg, Marseiller Straße 7, D-20355 Hamburg

Prof. Dr. Anton Hartmann, GSF-Forschungszentrum für Umwelt und Gesundheit GmbH, Ingolstädter Landstraße 1, D-85764 Neuherberg

Prof. Dr. Charlotte Hecht-Buchholz, Institut für Grundlagen der Pflanzenbauwissenschaften, FB Agrar- und Gartenbauwissenschaften, Humboldt-Universität zu Berlin, Lentzeallee 55-57, D-14195 Berlin

Dr. Rüdiger Hell, Institut für Pflanzengenetik und Kulturpflanzenforschung, AG Molekulare Mineralassimilation, Correnstraße 3, D-06466 Gatersleben

Holger Keller, Institut für Agrikulturchemie der Georg-August-Universität Göttingen, Von-Siebold-Straße 6, D-37075 Göttingen

PD Dr. Harald Kosegarten, Institut für Pflanzenernährung der Justus-Liebig-Universität Gießen, Südanlage 6, D-35390 Gießen

Dr. Rolf. O. Kuchenbuch, Institut für Primärproduktion und Mikrobielle Ökologie im ZALF Müncheberg, Eberswalder Straße 84, D-5374 Müncheberg

Wolfgang Marino, Institut für Angewandte Botanik, Abteilung Nutzpflanzenbiologie, der Universität Hamburg, Marseiller Straße 7, D-20355 Hamburg

Dr. Petra Marschner, Institut für Angewandte Botanik, Abteilung Nutzpflanzenbiologie, der Universität Hamburg, Marseiller Str. 7, D-20355 Hamburg

Johannes Max, Institut für Pflanzenernährung und Bodenkunde der Christian-Albrechts-Universität zu Kiel, Olshausenstraße 40, D-24118 Kiel

Prof. Dr. Wolfgang Merbach, Institut für Bodenkunde und Pflanzenernährung der Martin-Luther-Universität Halle-Wittenberg, Adam-Kuckhoff-Str. 17 b, D-06108 Halle

Hein Pape, Institut für Pflanzenernährung der Justus-Liebig-Universität Gießen, Südanlage 6, D-35390 Gießen

Jörg Plugge, Umweltforschungszentrum Leipzig-Halle GmbH, Sektion Sanierungsforschung, Permoserstraße 15, D-04318 Leipzig

Dr. Janina Polomski, Eidgenössische Forschungsanstalt für Wald, Schnee und Landschaft, Zürcherstrasse 111, CH-8903 Birmensdorf, Schweiz

Dr. Maja Richert, Botanisches Institut der Ernst-Moritz-Arndt-Universität Greifswald, Grimmer Straße 88, D-17487 Greifswald

Prof. Dr. Christian Richter, Fachgebiet Pflanzenernährung der Gesamthochschule Kassel, Steinstraße 19, D-37213 Witzenhausen

Dr. Jörg Rühlmann, Institut für Gemüse- und Zierpflanzenbau Großbeeren/Erfurt e. V., Theordor-Echtermeyer-Weg 1, D-14979 Großbeeren

Angelika Rumberger, Institut für Angewandte Botanik, Abteilung Nutzpflanzenbiologie, der Universität Hamburg, Marseiller Straße 7, D-20355 Hamburg

Dr. Silke Ruppel, Institut für Gemüse- und Zierpflanzenbau Großbeeren/Erfurt e. V., Theodor-Echtermeyer-Weg 1, D-14979 Großbeeren

Dörte Schelter, Lehrstuhl für Bodenschutz und Rekultivierung der BTU Cottbus, Universitätsplatz 3-4, D-03044 Cottbus

Ulrich Soltmann, Sächsisches Institut für Angewandte Biotechnologie, Permoserstraße 15, D-04318 Leipzig

PD Dr. Diedrich Steffens, Institut für Pflanzenernährung der Justus-Liebig-Universität Gießen, Südanlage 6, D-35390 Gießen

Dr. Bernd Steingrobe, Institut für Agrikulturchemie der Georg-August-Univeristät Göttingen, von-Siebold-Straße 6, D-37075 Göttingen

Dr. Helmut Wand, Sächsisches Institut für Angewandte Biotechnologie, Permoserstraße 15, D-04318 Leipzig

Dr. Lutz Wittenmayer, Institut für Bodenkunde und Pflanzenernährung der Martin-Luther-Universität Halle-Wittenberg, Adam-Kuckhoff-Str. 17 b, D-06108 Halle

Autorenregister

Sachregister